人脸识别与美颜算法实战

基于Python、机器学习与深度学习

方圆圆◎著

机械工业出版社
China Machine Press

图书在版编目（CIP）数据

人脸识别与美颜算法实战：基于 Python、机器学习与深度学习 / 方圆圆著. —北京：机械工业出版社，2020.2

ISBN 978-7-111-65045-4

Ⅰ．人… Ⅱ．方… Ⅲ．人脸识别–研究 Ⅳ．TP391.41

中国版本图书馆 CIP 数据核字（2020）第 041972 号

人脸识别与美颜算法实战：基于 Python、机器学习与深度学习

出版发行：机械工业出版社（北京市西城区百万庄大街 22 号　邮政编码：100037）

责任编辑：欧振旭　李华君　　　　　　　　　　责任校对：姚志娟

印　　刷：中国电影出版社印刷厂　　　　　　　版　　次：2020 年 4 月第 1 版第 1 次印刷

开　　本：186mm×240mm　1/16　　　　　　　印　　张：14.5

书　　号：ISBN 978-7-111-65045-4　　　　　　定　　价：99.00 元

客服电话：（010）88361066　88379833　68326294　　　投稿热线：（010）88379604

华章网站：www.hzbook.com　　　　　　　　　　读者信箱：hzit@hzbook.com

"两弯似蹙非蹙笼烟眉，一双似喜非喜含情目""眉将柳而争绿，面共桃而竞红"。古诗中有很多诸如此类形容美人的句子，寄托了人们对美好容颜的无尽向往。虽然现实中无法人人拥有一副古诗中描述的俊俏面容，也难以抵挡岁月所留下的痕迹，但是随着图像处理和人工智能技术的飞速发展，以美图秀秀为代表的图像美颜应用和以抖音为代表的视频美颜应用使人们的这一愿望得到满足。磨皮、削骨、瘦脸、修眉，过去需要技艺精湛的整形外科医生或者技术高超的化妆师才能实现的效果，如今通过一个 App 就可以实现。

智能图像处理是人工智能应用中非常重要的一环，造就了国内多家独角兽公司，而"图像处理 + 人工智能"型人才在市场上也是供不应求。掌握一门技术的最好方式是动手实践，即所谓源码之前了无秘密。本书以美拍、抖音等美颜 App 背后的实现原理为线索，运用图像处理和人工智能技术，博观约取讲原理，条分缕析讲实现，从代码层面手把手教读者实现其中的关键算法。对于从事图像处理和人工智能研究的工程技术人员和学者而言，这是一本不可多得的实战宝典。

从具体内容上看，本书首先介绍了利用 Python 进行图像处理的基本原理与方法，以及开源 Python 图像处理工具库的使用，然后介绍了机器学习和深度学习的基础知识及机器学习和深度学习中人脸识别的实现，最后介绍了主流视频软件中人脸美颜算法的设计、图像特效及视频特效的原理和实现，展望了 AI 时代图像处理算法在各大领域的应用新生态。本书内容紧凑，从基础技术到实践再到前沿技术，逻辑严谨，环环相扣。

我和本书的作者同一年入学中国科学院研究生院，她在人工智能计算机视觉领域有 8 年多的工作经验，拥有 8 篇核心技术专利，曾历任唯品会硅谷研发中心 AI 高级算法工程师、联想研究院 VR 图像算法工程师，拥有 11 项发明专利。工作之余，她还联合创办了 AILOB 上海 AI 人才社区，组织了多次精彩的线下技术交流活动，并兼任多家创业公司的技术顾问。她不仅有优秀的人工智能科班背景，同时在产业界有着扎实的实战经验。本书是她花费过去一年中几乎全部的业余时间所完成的诚意之作。值得一提的是，作者还亲自担任模特来测试各类美颜算法的效果，这也给读者的阅读增加了很多乐趣。

　　拿到样稿是一个阳光明媚的午后。在昆明湖之畔，我翻遍了泛黄的诗笺，只为找几句话来衬托这本书写"美丽"的书。本书的作者很美，书也很美，我很荣幸为之作序，把本书推荐给各位读者，同时预祝大家阅读愉快。

中科院计算所博士 / 中科视拓 CEO　刘昕

2020 年于北京

据统计，在当今各行各业中，互联网与软件工程行业薪资名列前茅，大幅领先于传统行业。BOSS 直聘发布《2020 年人才资本趋势报告》，该报告公布了 2020 年人才领域的前瞻趋势，对其中的人工智能相关方向进行了梳理。其中，自然语言处理岗位的平均薪资为 25 553 元；机器学习岗位的平均薪资为 27 652 元；语音识别岗位的平均薪资为 24 037 元；深度学习岗位的平均薪资为 27 516 元；语音、视频、图形开发岗位的平均薪资为 22 979 元。随着人工智能领域的不断扩大和普及，各行各业逐步深入实践和应用人工智能领域的相关技术，具有实践经验的顶尖 AI 人才缺口增大，人工智能技术将成为第四次工业革命的发动机，成为不可或缺的力量源泉。

在人工智能领域，计算机视觉是人工智能最重要的部分之一，尤其是人脸图像处理领域涌现了商汤、旷视、云丛、抖音等多家独角兽企业。2014 年，中国人脸识别行业的市场规模为 49 亿元；2018 年，中国人脸识别行业的市场规模为 131 亿元，年均复合增长率为 37%。这充分显示了人脸图像处理技术的巨大商用价值，大量的人脸相关应用不断涌现。

本书结合大量的实际案例，从 Python 图像处理开始讲起，再到机器学习、深度学习的理论和应用，通过由浅入深、图文并茂的讲解及项目实战，提高读者的理论水平和代码实践能力。

本书特色

1. 入门门槛低，学习曲线平滑

本书从搭建环境学起，首先介绍 Windows、Linux 和 Mac OS 这三种环境下编译环境的配置和安装；然后介绍与 Python 数据编程相关的基础知识、图像处理算法基础及常用函数；接着介绍机器学习和深度学习的基础理论；最后通过 Python 复现各种常用软件中的人脸图像算法应用。本书学习曲线平滑，适合深度学习和机器学习的零基础读者阅读。

2. 通过对比、理论结合实践的方式讲解，适合新手学习

对于一个新知识点的出现，本书通过对比的方式给出了概念或原理，让读者能举一反三，拓宽知识面；对深度学习的一些理论和概念，本书结合目前热门软件中的图像算法应用实例，让读者能边学习边实践，缩短了新手与老手之间的差距。

3. 内容丰富、实用，主次分明

本书所选案例涉猎广泛而丰富，算法案例紧跟当前潮流，如抖音、天天 P 图、美颜相机中的各种图像处理技巧，沿着"需求→算法设计→代码实现"的思路讲解，书中大量既丰富又生动有趣的例子简单易学，可直接上手。在代码示例中，不仅包含了模型构建和设计的核心思想，同时也兼顾了新手容易犯错的细节展示。此外，本书还介绍了一些在工程实践中常用的设计与实现技巧，以提高内容的实用性，增强案例与实际系统设计和实现过程的联系。

4. 图文搭配合理、生动有趣，全程伴随实战

本书从实战出发，介绍了大约 60 多个案例，脉络清晰，没有太多枯燥的理论讲解，而是以一位资深 AI 算法工程师手把手带读者入门做项目的方式，讲述了新手如何入门成为 AI 图像算法工程师，遇到项目如何入手去做，以及目前抖音中好玩的效果是如何一步步通过算法设计做出来的，沿着 Python 基础、图像处理技术、视频处理技术、机器学习、深度学习及各类图像美颜算法的思路去实现。目前，各种 App 中美颜算法大行其道，希望通过作者有趣的讲解，可以带领读者探索其中的各种算法设计小技巧。

本书内容

第 1 章　AI 时代：图像技术背景知识

本章首先介绍了什么是人工智能以及人工智能的历史和发展，通过介绍 AI 的发展历史和一些标志性事件，概述了目前中国 AI 技术的发展现状；然后介绍了计算机视觉技术及其分类和应用，让读者在第 1 章就可以体会到 AI 在生活中无处不在，以及它无限的发展前景。

第 2 章　武器和铠甲：开发环境配置

本章主要介绍了本书涉及的开发语言和编译环境，详细介绍了 OpenCV 开源库及 Python 不同版本间的区别，带领读者手把手搭建 PyCharm 和 Anaconda 编译环境，完成基本的 AI 开发环境配置，并且在不同环境下装载各种需要的工具包。

第3章 开启星辰大海：图像处理技术基础知识

本章详细介绍了图像处理技术的基础知识，每个知识点对应多个 Python 实例，让读者能够轻松完成图像的旋转、平移、镜像和缩放等一系列操作。

第4章 First Blood：第一波项目实战

本章以大量的 Python 实例展示了基于图像处理算法可以实现的多种效果，介绍了抖音哈哈镜、照片怀旧、素描、油画、卡通化和马赛克处理等一系列项目的算法原理和代码实现，有趣地展示了图像处理技术中的各种玩法。

第5章 Double Kill：视频图像处理理论和项目实战

本章介绍了视频图像处理技术的原理和流程，并以大量的实例展示了如何根据抖音的一些视频特效来设计算法以实现其效果，完成了抖音视频中抖动、闪白、霓虹、时光倒流、视频反复、慢动作和 Black magic 等效果设计。

第6章 Triple Kill：基于机器学习的人脸识别

本章详细介绍了机器学习的基础知识，从一个机器学习的实例出发，讲述了机器学习的原理，以及什么时候使用机器学习。本章以经典的人脸识别算法为例，从数据准备到算法设计原理，再到最后的训练，完成一个完整的机器学习项目。

第7章 Quatary Kill：基于深度学习的人脸识别

本章详细介绍了深度学习的基本概念和使用场景；讲解了深度学习和机器学习的区别，并以 LeNet-5 网络为例讲解了深度学习的经典网络；还讲解了几种常见的网络层及其作用，如卷积层、激励层、池化层、Flatten 层和全连接层；调用 TensorFlow 进行数据增广，详解模型训练和测试过程，并讲解了如何设计损失函数和优化器，以及如何评价一个模型的好坏。

第8章 Penta Kill：人脸图像美颜算法项目实战

本章以几种经典的图像美颜算法为例，讲解了目前主流的美图软件，如美颜相机、天天 P 图等图像美颜算法的设计。其中，涉及的图像处理基础算法有各种图像过滤器、图像颜色 HSV 空间、颜色分割和各种图像增强算法等。本章还通过大量的 Python 实例实现了人脸磨皮、美白和祛痘等效果。

第9章 Legendary：AI 时代图像算法应用新生态

本章以目前主流的应用领域为例，分析了 AI 时代图像算法的应用现状，讲解了项目中基本的算法设计逻辑，以及抖音和天天 P 图等应用中图像算法的应用情况与算法设计复现，带领读者感受应用级项目算法的设计思路。

配套资源获取方式

本书涉及的源代码文件等资料需要读者自行下载。请登录华章公司的网站 www.hzbook.com，在该网站上搜索到本书，然后单击"资料下载"按钮，即可在本书页面上找到下载链接。

本书读者对象

- 深度学习爱好者；
- 计算机视觉技术爱好者；
- 算法工程设计实现工程师；
- 渴望入门深度学习相关领域的学生；
- 图像处理技术爱好者；
- 对美颜算法、App 自动化妆算法感兴趣的人员；
- 深度学习应用研究人员；
- 人工智能从业人员。

本书作者

本书由方圆圆编写。作者在人工智能技术领域有多年的工作经历和丰富的开发经验。由于能力和时间所限，书中可能还存在疏漏和不足之处，敬请广大读者朋友指正。联系邮箱：hzbook2017@163.com。

目　录
contents

第 1 章

AI 时代：图像技术背景知识

阿尔法狗与李世石的人机"世纪大战"让人工智能又一次成为了人们关注的焦点。到底什么是人工智能？人工智能的发展历程是怎样的？带着这些问题，本章将介绍人工智能的发展历史和最新的研究进展。

如图 1.1 所示为 2019 年 RoboCup 机器人世界杯中认真踢球的机器人。利用图像视觉处理技术，机器人通过头部的摄像头捕捉足球的位置，利用视觉测量技术计算足球的距离，完成踢球动作。在球消失在视野中时，头部转动，摄像头完成环视动作，识别摄像头捕捉图像中的足球，从而完成目标识别动作。没想到小小的机器人会有这么多图像处理技术吧，想知道具体是怎么实现的吗？跟随本书一起学习吧。

图 1.1 2019 年 RoboCup 机器人世界杯中踢球的机器人

本章主要介绍人工智能技术的发展历史、图像处理技术和人工智能技术的关系，以及图像处理技术在人工智能领域的应用，同时提纲挈领地介绍 AI 图像处理技术的分类，及其发展前景。本章涉及的知识点主要有：

- 人工智能的基本概念；
- 图像处理技术；
- 计算机视觉技术的定义和分类。

1.1 人工智能的前世今生

1956 年，John McCarthy 联合 Minsky、Claude Shannon 和 Nathaniel Rochester 在达特茅斯组织了长达两个月的会议。达特茅斯会议将不同研究领域的研究者组织在了一起，首次提出了"人工智能"这个词。从此，人工智能正式诞生了。

关于人工智能（Artificial Intelligence，AI）的定义，百度百科是这样解释的：

它是一门研究和开发用于模拟和拓展人类智能的理论方法和技术手段的新兴科学技术。人工智能是计算机科学的一个分支，它企图了解智能的实质，并生产出一种新的能以人类智能相似的方式做出反应的智能机器，该领域的研究包括机器人、语言识别、图像识别、自然语言处理和专家系统等。人工智能从诞生以来，其理论和技术日益成熟，应用领域也不断扩大，可以设想，未来，人工智能带来的科技产品将会是人类智慧的"容器"。人工智能可以对人的意识、思维的信息过程进行模拟。人工智能不是人的智能，但能像人那样思考，也可能超过人的智能。

根据艾瑞咨询报告的 CB Insight 数据显示，2017 年全球人工智能创业公司总融资达到创纪录的 52 亿美金，中国企业占比 48%。2018 年的融资事件更加密集。在计算机视觉领域，2018 年 9 月 12 日，商汤科技宣布获得了软银 10 亿美元的融资。在政府的支持下，中国的人工智能产业进入迅猛的发展期。我国人工智能企业主要集中在北京、上海、广东等发达地区，约占全国的 85% 左右。如图 1.2 所示为艾瑞网绘制的中国人工智能公司产业图谱。

可以看出，国内人工智能公司主要集中在技术层，是算法、产品及解决方案的提供者。包括科大讯飞、BAT（百度、阿里巴巴、腾讯）在内的互联网公司在全球人工智能领域具有很强的竞争力。根据《麻省理工科技评论》公布的 2017 年全球最聪明 50 家公司榜单显示，中国有 9 家公司上榜，分别为科大讯飞、腾讯、Face ++（旷视科技）、大疆、阿里巴巴、蚂蚁金服、百度、富士康和 HTC。

2020 年，全球 AI 市场规模将达到 1190 亿元，年复合增速约 19.7%；同期中国人工智能市场规模将达 91 亿元，年复合增速超 50%。事实上，随着人口老龄化、人力成本攀升，以及危重工种从事意愿降低这些问题的凸显，AI 的商业化进程正逐步加快。

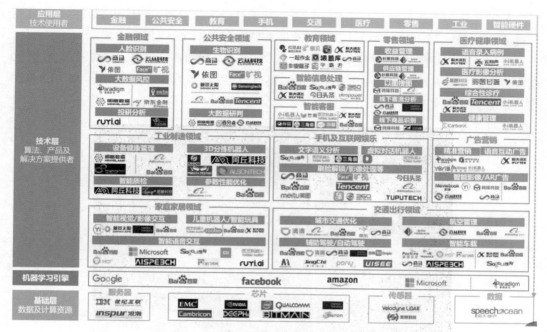

图 1.2　艾瑞网绘制的人工智能产业图谱

1.2　AI 与 CV 的相互融合之路

　　机器视觉是人工智能中一个非常重要的应用，得益于深度学习算法的成熟，大量的模型被应用到机器视觉处理领域，并取得了不俗的成绩。人脸识别、图像分类、图像检索、目标检测等被大规模应用到安防、金融、电商和娱乐等领域。比如金融和安防领域中的人证一体验证系统，以及娱乐中的变脸和美颜等应用。无论是医疗、金融，还是信息采集、产品安全，图像识别技术都得到了广泛应用。其存在的价值是让计算机代替人工来处理大量的图片等富媒体信息。在计算机技术不断完善的前提下，我们更加深刻地认识到图像识别技术的价值。

　　融合了人工智能技术的图像识别技术最突出的优势就是科技发展中对图像识别技术的应用质量。站在智能化角度分析，较之传统的图像处理技术，人工智能图像识别技术的优势明显。特别是人脸解锁的功能和图像处理智能识别存在异曲同工之妙。也就是在完成一次人脸解锁以后，就能够以此方法为主要解锁手段。除此之外，智能化还能够自我分析和保存。在此基础上，根据图形识别便捷化分析，伴随图像识别技术的合理运用，使人们的生活和工作得到了高质量的服务。基于社会快速发展，图像识别技术大众化特征逐渐凸显出来。AI 技术也给计算机视觉带来了更多的活力和无限的可能。

数字图像处理技术是一门很古老的技术，它比人工智能要早得多，起源于 20 世纪 20 年代，从年代和发展而言，要比人工智能资格老得多，因此接下来一场来自 AI 和古典图像技术流的对话悄然展开（图 1.3 是相互关系）。

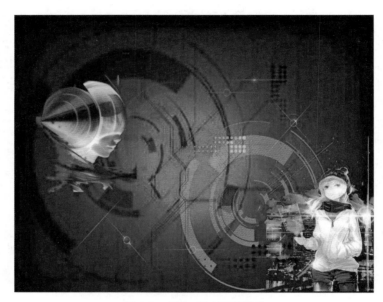

图 1.3　AI 与 CV 相互融合

AI：您是前辈，开场先介绍下自己吧。

CV：咳咳！好吧。数字图像处理技术是将图像信号转变成数字信号并借助计算机以便达到某种目的的一种处理方式。

AI：信号处理感觉比较基础哎。

CV：对呀，没有我们这种基础的输入哪有你们这些后来者的繁荣发展。

AI：我诞生于 1956 年，到 20 世纪 80 年代才成为了一个独立的学科。

CV：那我想想这一段时间我都经历了哪些变化吧。20 世纪 20 年代，我最早应用于报纸行业，目的是解决图像的传输问题。当时一张图像传输的时间需要 7 天，而借助数字图像处理技术仅耗费 3 小时。到了 20 世纪 60 年代，能够实现图像处理任务的计算机诞生了，我进入了快速发展阶段，开始了计算机高级图像处理。到了 20 世纪 70 年代初，我慢慢地进入了医学图像和天文学等领域。其中最值得一提的就是计算机 CT 的出现，开启了医学影像的蓬勃发展时期。到了 20 世纪 80 年代，研究人员将我应用于地理信息系统。从这个阶段开始，我的应用领域不断扩大，在工业检测和遥感等方面也得到了广泛应用，尤其是在遥感方面对卫星传送回来的图像的处理。

AI：原来前辈这么厉害呀！1968 年世界上诞生了第一台专家系统，后来我的应用效果不是很理想，所以美国、英国相继缩减了经费支持，我就进入低谷啦！前辈在发光发热的时候，人家还呆在小黑屋，呜呜……

CV：莫哭，现在大家只知道 AI 技术，但是不知道我们的 CV 之前做了大量的铺垫工作，人脸识别在 AI 技术还没有兴起的时候，我们花了 20 年去研究，放到现在，几天就可以完成一个人脸识别系统，而且技术多样性在不断增加中。

AI：我们也是在前辈们的理论基础上进行迭代的呀！CV 的特征提取过程给我们后来的发展提供了大量的灵感，手工设计和提取特征在 AI 时代被机器所取代，神经网络的兴起，利用大量的算力达到了很好的效果。

CV：可以预见，未来突破了算力的限制，我们的应用场景将会焕发更加崭新的生命力。

AI：嗯嗯，我们一起加油吧！

基于人工智能深入研究并分析图像识别技术有着重要的现实意义。在计算机技术与信息技术的发展背景下，图像识别技术引起了人们的广泛关注，其技术的形成和更新已成为图像识别技术的主要发展趋势，并且具有广阔的应用前景。

总而言之，我们认为人工智能对于图像处理的影响是量变引起质变的一个过程，如果没有大量的图像数据，就无法支撑起人工智能的分析手段，而一旦这个量上的条件得到满足，人工智能可以在不断地在学习中挖掘出传统手段无法发现的信息，或是完成传统手段难以大批量完成的任务。

1.3　AI 图像处理技术

AI 图像处理技术经常又被叫做计算机视觉技术。计算机视觉是指用摄像机和计算机及其他相关设备对生物视觉的一种模拟。它的主要任务是通过对采集的图片或视频进行处理以获得相应场景的三维信息，就像人类和许多其他类生物每天所做的那样。计算机视觉技术是人工智能的重要核心技术之一，可应用到安防、金融、硬件、营销、驾驶和医疗等领域。目前我国计算机视觉技术水平已达到全球领先水平，广泛的商业化渠道和坚定的技术基础是其成为最热门领域的主要原因。

图 1.4 和部分内容引自 "五分钟带你了解人工智能领域的计算机视觉技术"（摘自简书）。

据 American Imaging Association 提供的数据显示，2015 年全球计算机视觉市场达到了 42 亿美元。而据 iiMedia Research（艾媒咨询）数据显示，2017 年中国计算视觉行业市场规模为 68 亿人民币，预计 2020 年市场规模将达到 780 亿人民币。由此，中国也掀起了一场由计算机视觉刮起的创业之风。据 iiMedia Research 艾媒咨询数据显示，在中国的人工智能创业公司所属领域的分布中，计算机视觉领域的创业公司最多，高达 35 家，紧随其后的是服务机器人领域、语音及自然语言处理领域等。

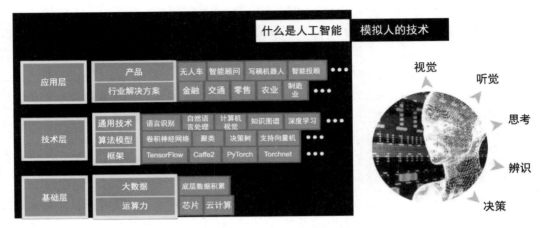

图 1.4　人工智能主要构成

计算机视觉的主要任务就是通过对采集的图片或视频进行处理以获得相应场景的信息。计算机视觉任务的主要类型有以下 5 种。

1.　物体检测

物体检测是视觉感知的第一步，也是计算机视觉的一个重要分支。物体检测的目标就是用框去标出物体的位置，并给出物体的类别。

物体检测和图像分类不一样，检测侧重于物体的搜索，而且物体检测的目标必须要有固定的形状和轮廓。图像分类可以是任意目标，这个目标可能是物体，也可能是一些属性或者场景。

2.　物体识别（狭义）

计算机视觉的经典问题便是判定一组图像数据中是否包含某个特定的物体、图像特征或运动状态。这一问题通常可以通过机器自动解决，但是到目前为止，还没有哪个单一的方法能够广泛地对各种情况进行判定：在任意环境中识别任意物体。

现有技术能够很好地解决特定目标的识别，比如简单几何图形的识别、人脸识别、印刷或手写文件识别和车辆识别。而且这些识别需要在特定的环境中，具有指定的光照、背景和目标姿态等要求。

3.　图像分类

一张图像中是否包含某种物体，以及对图像进行特征描述，是物体分类的主要研究内容。一般来说，物体分类算法通过手工特征或者特征学习方法对整个图像进行全局描述，然后使用分类器判断是否存在某类物体。

图像分类问题就是给输入的图像分配标签的任务，这是计算机视觉的核心问题之一。这个过程往往与机器学习和深度学习不可分割。

4．物体定位

如果说图像识别解决的是 What 的问题，那么物体定位解决的则是 Where 的问题。利用计算视觉技术找到图像中某一目标物体在图像中的位置，即定位。

目标物体的定位对于计算机视觉在安防、自动驾驶等领域的应用有着至关重要的意义。

5．图像分割

在图像处理过程中，有时需要对图像进行分割，从中提取出有价值的用于后续处理的部分，例如筛选特征点，或者分割一幅或多幅图片中含有特定目标的部分等。

图像分割指的是将数字图像细分为多个图像子区域（像素的集合，也被称为超像素）的过程。图像分割的目的是简化或改变图像的表示形式，使图像更容易被理解和分析。更精确地说，图像分割是对图像中的每个像素添加标签的一个过程，这一过程使得具有相同标签的像素具有某种共同的视觉特性。

"图像语义分割"是一个像素级别的物体识别，即每个像素点都要判断它的类别。它和物体检测的本质区别是，物体检测是一个物体级别的，它只需要一个框去框住物体的位置；而分割通常比检测更复杂。

计算机视觉是通过创建人工模型来模拟本该由人类执行的视觉任务。其本质是模拟人类的感知与观察的过程。这个过程不仅是识别，而且还包含了一系列其他过程，并且最终是可以在人工系统中被理解和实现的。

1.4　本章小结

本章主要介绍了人工智能的历史和发展及 BAT 等公司在 AI 领域的应用，让读者了解目前人工智能的应用大部分还是依靠数据，尤其是在图像处理领域。在写作本书的时候，Facebook 研究人员使用了包含 35 亿张图像的数据集来训练计算机视觉系统，在 ImageNet 上达到了 85.4% 的准确率。

中国拥有极大的数据优势，各大社交平台、电商平台等都在 All in AI，人工智能人才的缺口有 500 万。人工智能目前的应用技术包括图像处理和语音处理等领域。其中，图像处理是一个很重要的领域，图像处理技术的发展历史比 AI 更悠久，在新的时代，AI 赋能图像处理技术带来了很多创新，精简了图像处理流程，也为图像处理应用提供了各种可能。

第 2 章
武器和铠甲：开发环境配置

本章将配置代码编译环境，因为编译环境的配置是所有项目开发和代码设计的基础。
计算机技术的核心要素有以下几个：

- 开发系统：Windows、MacOS、Unix、Linux。
- 开发语言：Python、C 语言、Java 等，目前在人工智能领域主要的开发语言是 Python，在移动端的开发和集成基于 Java 和 C 语言。本书的开发语言是 Python，在使用过程中需要学会调用 Python 的各种库，如图 2.1 所示为 AI 开发常调用的 Python 库。
- 编译环境：IDE。本书使用 PyCharm 集成编译环境，当然也可以直接在命令行运行代码。

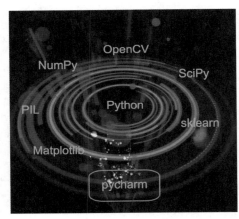

图 2.1　AI 开发常用的 Python 库

2.1　来自传承的馈赠：OpenCV 开源跨平台机器视觉库

OpenCV 在图像处理领域中的应用非常广泛，计算机图像处理技术对这个起源于 1999 年的机器视觉库的依赖度很高。本节简要介绍 OpenCV 的历史发展轨迹、应用领域、编程语言和支持的系统。

2.1.1 OpenCV 的整体概念

根据百度百科中的介绍，OpenCV 于 1999 年由 Intel 建立，如今由 Willow Garage 提供支持。OpenCV 是一个基于 BSD 许可发行的跨平台计算机视觉库，可以运行在 Linux、Windows 和 Mac OS 操作系统上。它轻量而且高效——由一系列 C 语言函数和少量 C++ 类构成，同时提供了 Python、Ruby、MATLAB 等语言的接口，实现了图像处理和计算机视觉方面的很多通用算法。

OpenCV 拥有包括 500 多个 C 语言函数的跨平台中高层 API。它不依赖于其他的外部库——尽管也可以使用某些外部库。

OpenCV 发布的版本有：

- 2013 年 12 月 31 日，OpenCV 2.4.8 版本发布；
- 2014 年 4 月 25 日，OpenCV 2.4.9 版本发布；
- 2014 年 8 月 21 日，OpenCV 3.0 Alpha 版本发布；
- 2014 年 11 月 11 日，OpenCV 3.0 Beta 版本发布；
- 2015 年 6 月 4 日，OpenCV 3.0 版本发布；
- 2015 年 7 月 30 日，OpenCV 2.4.12 版本发布；
- 2015 年 12 月 21 日，OpenCV 3.1 版本发布；
- 2016 年 12 月 23 日，OpenCV 3.2 版本发布；
- 2017 年 8 月 3 日，OpenCV 3.3 版本发布；
- 2018 年 7 月 4 日，OpenCV 3.4.2 版本发布。

2.1.2 OpenCV 的应用领域

只要有图像处理就有 OpenCV 的应用。百度中列出来的 OpenCV 应用有人机互动、物体识别、图像分割、人脸识别、动作识别、运动跟踪、机器人、运动分析、机器视觉、结构分析和汽车安全驾驶。人工智能技术加图像处理技术可以应用到各个领域，如金融中的人脸识别和农业中的病虫害检测等。

2.1.3 OpenCV 的编程语言

OpenCV 用 C++ 语言编写，它的主要接口也是 C++ 语言，但是依然保留了大量的 C 语言接口。该库也有大量的 Python、Java、MATLAB 和 Octave（版本 2.5）的接口，这些语言的 API 接口函数可以通过在线文档获得，如今也提供对 C#、Ch、Ruby 的支持。

本书中用 OpenCV 的 Python 版本进行代码编写。

2.1.4 OpenCV 支持的系统

OpenCV 可以在 Windows、Android、Maemo、FreeBSD、OpenBSD、iOS、Linux 和 Mac OS 等平台上运行。使用者可以在 SourceForge 上获得官方版本，或者从 SVN 获得开发版本。

在 Windows 上编译 OpenCV 中与摄像输入有关的部分时，需要 DirectShow SDK 中的一些基类。

本书采用的是 Mac OS 系统。

2.1.5 OpenCV 的线上资源

OpenCV 的更新可以在 OpenCV library 的网站中获得，网站链接是 https://opencv.org，如图 2.2 所示。作为一个开源平台，每天都会有大量的代码贡献者上传自己的工程和代码，不断丰富着 OpenCV 的应用及 OpenCV 的 SDK 功能。国内的用户也可以进入 OpenCV 中文网站，链接是 http://www.opencv.org.cn，里面有 OpenCV 的教程、入门文档及用户上传的各种项目和代码例子，是新学者的入门社区。此外，还有大量的用户在上面发布自己编译错误的程序或者其他问题，也会有各种解答。

图 2.2 OpenCV 版本更新

2.2 召唤萌宠：Python 语言的"制霸"之路

到目前为止，GitHub 上已有多达 337 种编程语言。对全球的开发者来说，GitHub 代表着技术的发展趋势，它公布的一些数据与报告很有参考意义。2018 年 12 月，GitHub

年度盛会上公布了年度受欢迎编程语言排行，前 3 名依次是 JavaScript、Java 和 Python。

2.2.1　Python 语言的发展

2018 年 5 月，IEEE Spectrum 杂志（美国电气电子工程师学会出版的旗舰杂志）发布了最新年度的计算机编程语言排行榜，这也是该杂志发布的最新编程语言 Top 榜。据介绍，IEEE Spectrum 的排序是来自 10 个重要的线上数据源的综合，例如 Google、Twitter 和 GitHub 等平台，选出了排名前 10 的编程语言，如图 2.3 所示。

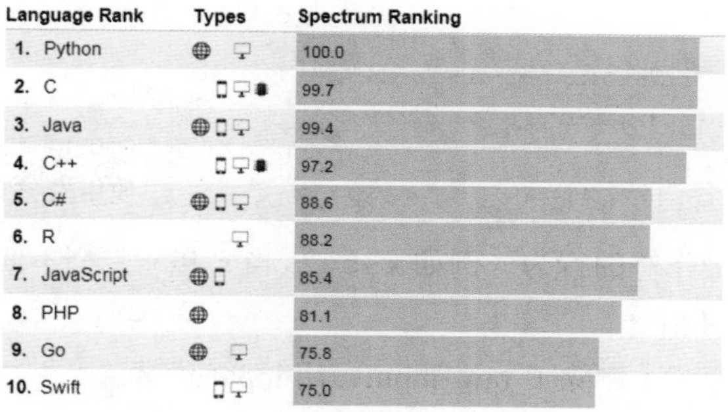

Language Rank	Types	Spectrum Ranking
1. Python	🌐 🖥	100.0
2. C	🖥🖳▪	99.7
3. Java	🌐🖳🖥	99.4
4. C++	🖥🖳▪	97.2
5. C#	🌐🖳🖥	88.6
6. R	🖥	88.2
7. JavaScript	🌐🖳	85.4
8. PHP	🌐	81.1
9. Go	🌐 🖥	75.8
10. Swift	🖳🖥	75.0

图 2.3　IEEE 编程语言排名

自 2017 年以来，随着机器学习和深度学习的兴起，Python 迅速在编程的江湖中占据了较前列的地位，Python 高效易读的编程风格让传统的图像处理算法实现变得更加直白和简洁。图像处理技术是一门很古老的技术，网上的各种开源博客中的图像处理效果实现大都基于 C++，而本书中的实现采用了 Python 语言，这些效果集成了各种 Python 图像处理算法的实现。

2.2.2　Python 2.7.X 版本和 3.X 版本的区别

Python 目前比较经典的版本有 2.7.X 版本和 3.X 版本。两个版本有差别，在进行项目代码编写和代码移植的时候需要格外注意。先来介绍一下 Python 两个常见版本之间的主要区别。

1. 编码

Python 3.X 源码文件默认使用 UTF-8 编码，这就使得以下代码是合法的：

```
>>> 中国 = 'china'
>>>print(中国)
china
```

2．语法

（1）去除了 <>，全部改用 !=。

（2）去除了 ``，全部改用 repr()。

（3）关键词加入了 as、with、True、False 和 None。

（4）整型除法返回浮点数，要得到整型结果，请使用 //。

（5）加入 nonlocal 语句，使用 noclocal x 可以直接指派外围（非全局）变量。

（6）去除了 print 语句，加入 print() 函数实现相同的功能。同样的还有 exec 语句，已经改为 exec() 函数。

2.7.X 版本和 3.X 版本的对应如下：

```
2..7.X: print "The answer is", 2*2
3.X: print("The answer is", 2*2)
2.7.X: print x,                          # 使用逗号结尾禁止换行
3.X: print(x, end=" ")                   # 使用空格代替换行
```

（7）改变了顺序操作符的行为，例如 x < y，当 x 和 y 类型不匹配时抛出 TypeError，而不是返回随机的 bool 值。

（8）输入函数改变了，删除了 raw_input，用 input 代替。

```
2.7.X:guess = int(raw_input('Enter an integer : '))   # 读取键盘输入的方法
3.X:guess = int(input('Enter an integer : '))
```

3．数据类型

（1）3.X 中去除了 long 类型，现在只有整型——int，但它的行为就像 2.7.X 版本中的 long。

（2）新增了 bytes 类型，对应于 2.7.X 版本中的八位串。定义一个 bytes 字面量的方法如下：

```
>>> b = b'china'
>>> type(b)
<type 'bytes'>
```

（3）dict 的 .keys()、.items 和 .values() 方法返回迭代器，而之前的 iterkeys() 等函数都被废弃。同时去掉的还有 dict.has_key()，替代它的是 in。

4．面向对象

（1）引入抽象基类（Abstraact Base Classes，ABCs）。

（2）迭代器的 next() 方法改名为 __next__()，并增加内置函数 next()，用以调用迭代器的 __next__() 方法。

（3）增加了 @abstractmethod 和 @abstractproperty 两个 decorator，编写抽象方法（属性）更加方便。

5．模块变动

（1）移除了 cPickle 模块，可以使用 pickle 模块代替，最终将会获得一个透明高效的模块。

（2）移除了 imageop 模块。

（3）移除了 audiodev、Bastion、bsddb185、exceptions、linuxaudiodev、md5、Mime-Writer、mimify、popen2、rexec、sets、sha、stringold、strop、sunaudiodev、timing 和 xmllib 模块。

（4）移除了 bsddb 模块。

（5）移除了 new 模块。

（6）os.tmpnam() 和 os.tmpfile() 函数被移动到了 tmpfile 模块下。

（7）tokenize 模块现在使用 bytes 工作，主要的入口点不再是 generate_tokens，而是 tokenize.tokenize()。

2.2.3 本书采用的 Python 版本

Mac OS 系统自带 Python 环境，一般都是 Python 2.X 版本，可以通过升级的方式来变换成其他版本。本书采用的代码基于 Python 3.5.X，因此需要升级系统的 Python 版本。具体操作如下：

（1）从官网链接 https://www.python.org/downloads/release/python-350/ 下载最新版本的 Python 3.5.X，如图 2.4 所示。

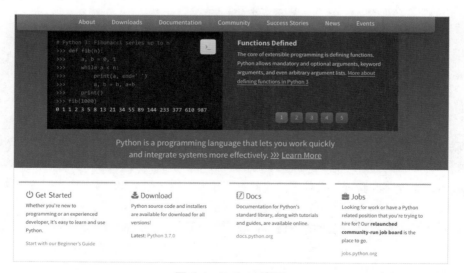

图 2.4 Python 官网

（2）进入 Download，找到要下载的 Python 版本，下载 3.5.4 版本，如图 2.5 所示。

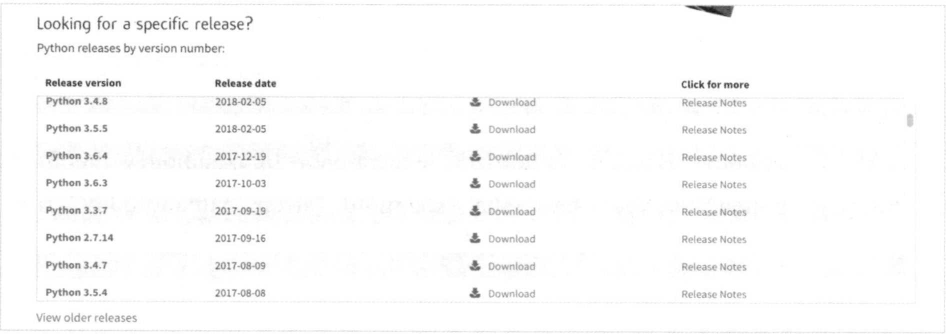

Release version	Release date		Click for more
Python 3.4.8	2018-02-05	Download	Release Notes
Python 3.5.5	2018-02-05	Download	Release Notes
Python 3.6.4	2017-12-19	Download	Release Notes
Python 3.6.3	2017-10-03	Download	Release Notes
Python 3.3.7	2017-09-19	Download	Release Notes
Python 2.7.14	2017-09-16	Download	Release Notes
Python 3.4.7	2017-08-09	Download	Release Notes
Python 3.5.4	2017-08-08	Download	Release Notes

图 2.5　Python 版本下载页面

（3）安装 Python 3.5.4。单击下载好的 pkg 文件进行安装。安装完成之后，Python 3.54 的默认安装路径是 /Library/Frameworks/Python.framework/Versions/3.5x。

（4）修改 profile 文件。直接在 .profile 加一个 alias。如果读者的 Terminal 运行的 shell 是 bash(默认)，可以修改 ~ /.bash_profile，在其结尾处添加：

```
alias python="/Library/Frameworks/Python.framework/Versions/3.5x/bin/python3.5x"
```

（5）验证。在终端中直接输入 python，显示版本号如图 2.6 所示。

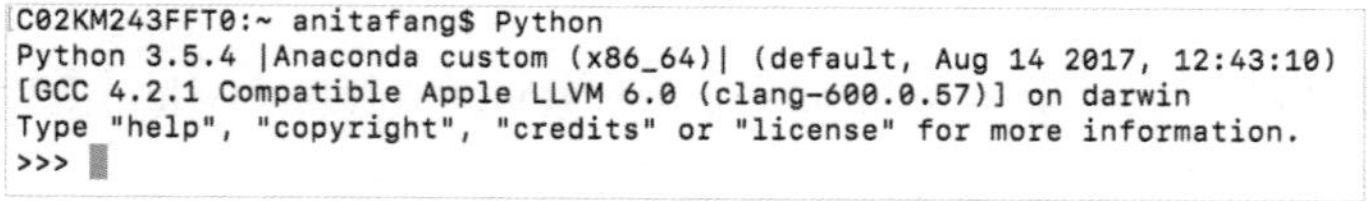

图 2.6　Python 安装验证

2.3　铸剑：基于 PyCharm 的系统环境配置

上一节具体介绍了 Mac OS 下 Python 环境的安装步骤。本节将介绍编译软件 PyCharm 的安装和配置步骤。为了管理好不同的 Python 版本和接下来要安装的其他工具包，我们采用 Anaconda 来安装和管理开发环境，因此本节还会介绍 Anaconda 的安装和配置方法。

2.3.1　PyCharm 在 Mac OS 系统下的安装和配置

具体操作步骤如下：

（1）下载最新版本的 PyCharm 软件，在保证 Python 已经安装完毕后进入 PyCharm

官网（https://www.jetbrains.com/pycharm/）。在官网首页找到最新版本的下载链接，单击 DOWNLOAD NOW 按钮，如图 2.7 所示。

图 2.7　PyCharm 官网首页

（2）JetBrains 提供了 3 个版本的 PyCharm，分别为 Windows、Mac OS 和 Linux。在此选择 Mac OS，然后单击 DOWNLOAD 按钮，如图 2.8 所示。

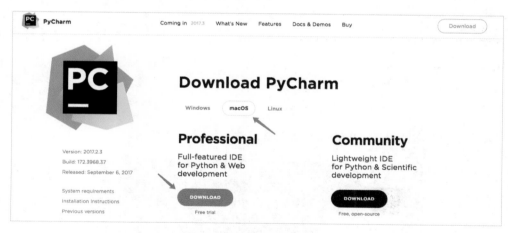

图 2.8　PyCharm 下载页面

（3）下载完成后打开安装包，拖动 PyCharm 图标到文件夹，如图 2.9 所示。

（4）安装完成后会在桌面上出现 PyCharm 图标，如图 2.10 所示。

（5）单击图标启动 PyCharm，显示如图 2.11 所示，进入简单的配置界面进行软件配置。

如果之前安装过 PyCharm 并且保存过配置文件，那么再次安装时可以导入之前的配置文件；如果是首次安装，则选择 Do not import settins 单选按钮。

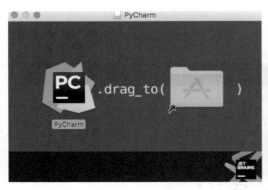

图 2.9　安装 PyCharm　　　　　　　　　　图 2.10　PyCharm 安装完成

（6）如图 2.12 所示，输入激活码，即可激活 PyCharm。

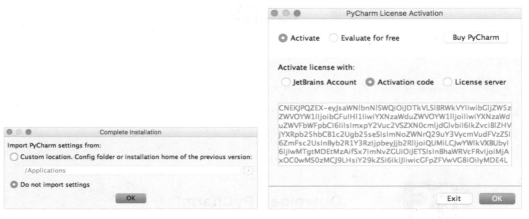

图 2.11　PyCharm 配置　　　　　　　　　　图 2.12　PyCharm 激活码输入

输入正确的激活码后，PyCharm 将正常启动，如图 2.13 所示。

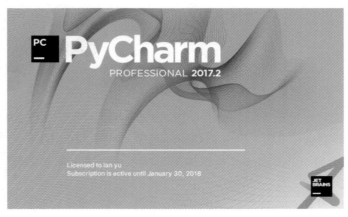

图 2.13　PyCharm 启动成功

（7）在首次启动 PyCharm 的时候，PyCharm 会进行初始化配置，如图 2.14 所示。

图 2.14　PyCharm 初始化配置

图 2.14 中展示了以下基本配置：

- 标注 1：键盘 scheme。
- 标注 2：IDE 主题。
- 标注 3：编辑器颜色及字体。
- 标注 4：存储脚本的路径。

PyCharm initial Configuration 包含数个个性化设置选择，可以根据个人喜好进行选择。

2.3.2　Mac OS 系统下 Anaconda 的安装和配置

Anaconda 指的是一个开源的 Python 发行版本，其包含了 Conda、Python 等 180 多个科学包及其依赖项。因为包含了大量的科学包，所以采用 Anaconda 可以建立各种编译环境来满足项目需求，比如在深度学习中，有 TensorFlow 和 Caffe 等各种框架，可以将其放到不同的环境下。不同环境下的 Python 版本可以有不同的设置，具体安装的操作步骤如下：

（1）下载安装包，地址为 https://www.anaconda.com/download/，如图 2.15 所示。选择 Mac OS 系统版本和对应的 Python 版本，每一个 Anaconda 安装包都对应一个 Python 版本，读者在下载的时候需要注意这一点。

（2）按照安装 PyCharm 的步骤进行安装，安装结束后，运行命令行工具。运行 conda 命令使用 Anaconda 管理环境。

图 2.15　Anaconda 下载页面

（3）建立环境。在命令行里建立一个 Python 3.5 的环境 AICV35，命令如下：

```
conda create -n AICV35 python=3.5
```

结果如图 2.16 所示。

```
C02KM243FFT0:~ anitafang$  conda create -n AICV35 python=3.5
Fetching package metadata .............
Solving package specifications: .

Package plan for installation in environment /Users/anitafang/anaconda/envs/AICV35:

The following NEW packages will be INSTALLED:

    certifi:    2016.2.28-py35_0 https://mirrors.tuna.tsinghua.edu.cn/anaconda/pkgs/free
    openssl:    1.0.2l-0         https://mirrors.tuna.tsinghua.edu.cn/anaconda/pkgs/free
    pip:        9.0.1-py35_1     https://mirrors.tuna.tsinghua.edu.cn/anaconda/pkgs/free
    python:     3.5.4-0          https://mirrors.tuna.tsinghua.edu.cn/anaconda/pkgs/free
    readline:   6.2-2            https://mirrors.tuna.tsinghua.edu.cn/anaconda/pkgs/free
    setuptools: 36.4.0-py35_1    https://mirrors.tuna.tsinghua.edu.cn/anaconda/pkgs/free
    sqlite:     3.13.0-0         https://mirrors.tuna.tsinghua.edu.cn/anaconda/pkgs/free
    tk:         8.5.18-0         https://mirrors.tuna.tsinghua.edu.cn/anaconda/pkgs/free
    wheel:      0.29.0-py35_0    https://mirrors.tuna.tsinghua.edu.cn/anaconda/pkgs/free
    xz:         5.2.3-0          https://mirrors.tuna.tsinghua.edu.cn/anaconda/pkgs/free
    zlib:       1.2.11-0         https://mirrors.tuna.tsinghua.edu.cn/anaconda/pkgs/free

Proceed ([y]/n)? y

#
# To activate this environment, use:
# > source activate AICV35
#
# To deactivate an active environment, use:
# > source deactivate
#
```

图 2.16　conda 建立环境

（4）建立完毕后可以通过以下命令查看是否建立成功，会显示所有的 Anaconda 环境。

```
conda env list
```

（5）激活环境。在命令行中输入以下命令。值得注意的是，在 Mac 和 Linux 系统下需要加 source，而 Windows 系统下不需要。

```
source activate AICV35
```

（6）用 pip 和 conda 命令来安装和卸载软件包及依赖库，以 OpenCV 为例，安装 OpenCV：

```
conda install OpenCV
```

安装成功后提示 success。

同理，在卸载的时候用的命令是 conda uninstall。换成 pip 也可以，比如：

```
pip install OpenCV
```

至此，我们已经配置好了 Python 3.5 的编译环境。

2.4　牛刀小试：一起动手来写个例子吧

在上一节中，我们搭建好了编译环境。本节将用一个简单的例子来感受编程的魅力。

（1）打开 PyCharm，新建一个工程，输入工程名 AICV，选择编译环境，具体如图 2.17 所示。可以看出，新建的 Anaconda 环境可以在 Interpreter 下拉列表框中找到。记住，一定要找到正确的环境，这样这个环境里安装的各种包才能被正确调用。

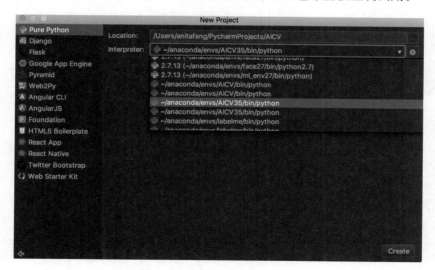

图 2.17　新建 PyCharm 工程

（2）新建一个 Python file 来编写代码，如图 2.18 所示。

图 2.18 新建 Python file

（3）给 Python file 命名，如图 2.19 所示。之后会在目录下生成一个 test.py 文件。

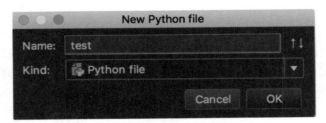

图 2.19 给 Python file 命名

（4）下面写一个简单的 Hello world 程序跟这个世界 say hello，再做一些简单的循环加法运算，从 1 加到 100，输出加法的结果，见程序 2-1。

程序 2-1 hello world 测试：test.py

```
01    print('Hello, world!')
02    i=0
03    sum=0
04    while i<100:
05        i+=1
06        sum+=i
07    print("sum=", sum)
```

注意：Python 中没有 {}，而是都以缩进来表示一个函数的关系。另外，编译器也会进行提醒。

程序的最终运行结果如图 2.20 所示。

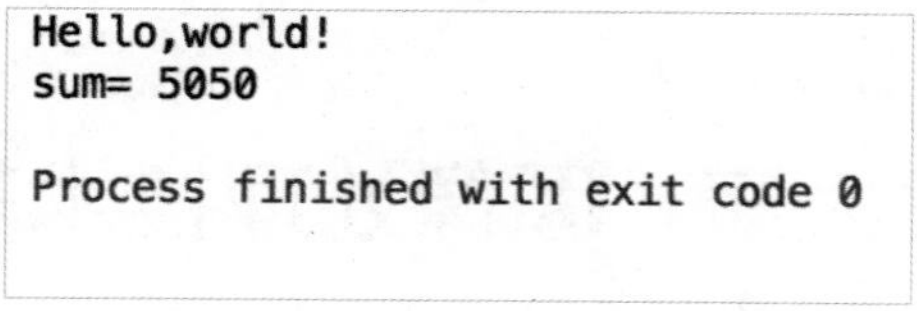

```
Hello,world!
sum= 5050

Process finished with exit code 0
```

图 2.20　test.py 程序运行结果

2.5　本 章 小 结

本章主要介绍了本书的开发语言以及编译环境的下载及配置步骤，详细介绍了 OpenCV 开源库、Python 不同版本的区别，以及 PyCharm 和 Anaconda 编译环境的安装和搭建。需要注意以下几点：

（1）Python 目前有 2.X 和 3.X 两个经典版本，本章列举了其主要的不同之外。本书在进行代码编写的时候，统一以 3.5 版本为准，如果想要切换到 2.X 版本，请读者自行转换。

（2）本书中环境的安装是基于 Mac OS 系统的，如果读者是 Windows 系统，请自行下载安装，安装方法与 Mac OS 系统区别不大，但 conda 的语法会有点不同。

（3）Python 用于图像处理比较简单，学会使用各种工具库非常重要。

（4）注意 Python 的编码规范，尤其是缩进的意义。

（5）Anaconda 用于管理多种环境，读者可以尝试搭建多种环境来测试代码。但要注意的是，在新建 PyCharm 的时候需要认真地看好自己所选的环境，各种工具包必须在其对应的环境下安装。

03

第 3 章
开启星辰大海：图像处理技术基础知识

上一章我们搭好了 Python 和 OpenCV 的环境。本章开始正式步入图像处理技术的世界。日常随心一拍，我们就 Get 一幅幅图片，那么图片（见图 3.1）在计算机的眼中到底是什么样子呢？

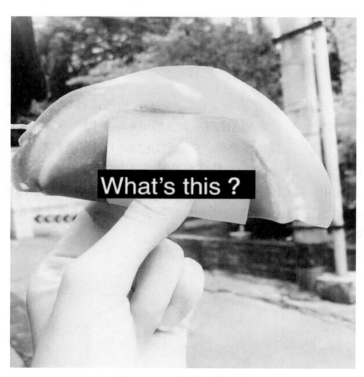

图 3.1　日常生活的照片

本章作为新手指引，将详细地讲解基于 OpenCV 的计算机图像处理的基础知识，涉及的知识点主要有：

- 图像格式；
- 图像像素、坐标、位深和通道；
- 灰度图像到彩色图像的相互转换；
- 图像的几何变换、平移、旋转、缩放、变形和剪裁等；
- 图像的色彩空间——RGB、HSV 和 HIS 等；
- 图像直方图描述。

3.1　图像的基本概念

本节将介绍图像的构成、图像颜色位深通道等概念，这些概念是图像技术开发的基础。

3.1.1　像素的概念

如图 3.2 所示，我们不停地放大熊猫的眼睛到再也无法放大为止，呈现在我们眼前的是一个个小颜色块。这种带有颜色的小方块能称为像素。

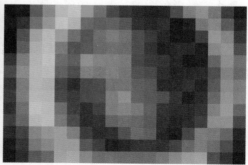

图 3.2　图片局部放大的效果

可以看到，像素是带颜色的，这是因为一个像素就是一个很小的图像单元，单元里面包含很多信息，其中最重要的信息就是颜色。图像颜色的 RGB 取值范围是 0 ～ 255，数值的变化代表颜色的深浅变化，值越大表示颜色越浅。对于只有黑白两色的灰度图像，

0 表示纯黑，255 表示纯白。

3.1.2 图像的构成

像素是构成图像的最小单元，像素在一幅图像上规则地排布着。在计算机眼中，图像就像是一个数组，每个数组里面装着一个像素单元。如图 3.3 所示为一个二维灰度图片。

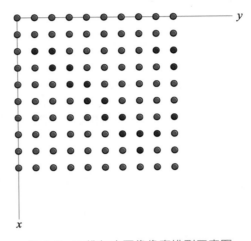

图 3.3 二维灰度图像像素排列示意图

二维灰度图像是一个二维数组，如图 3.3 所示，x、y 坐标代表了像素的位置，因为通常用 $f(x, y)$ 表示坐标 (x, y) 处的像素值。对于灰度图像，$f(x, y)$ 的取值范围就是 0 ~ 255，x 的取值范围是从 0 到图像的高，y 的取值范围是从 0 到图像的宽。

那么二维彩色图像是怎么构成的呢？

彩色图像的像素包含了 RGB 的 3 个值，因此彩色图像就是用 3 个二维数组表示的，每一个二维数组里面装的就是对应颜色的数值。对于一个 BGR 构成的图像呢？第 1 个二维数组里面装的就是坐标 (x, y) 处 B 的数值，第 2 个二维数组里面装的就是坐标 (x, y) 处 G 的数值，第 3 个二维数组里面装的就是坐标 (x, y) 处 R 的数值。

3.1.3 图像的格式

在使用图像时，我们经常会看到图像文件有 .jpg、.png、.bmp 等这样的后缀。这些都是图片的格式，只是不同图片的编解码不同。图片一共有 16 种格式，一般用得最多的就是前面列出的几种。在 OpenCV 里面，已经封装了各种图片格式的编解码器，这样用户可以不用关心图片的格式。

3.1.4　理解图像的位深和通道的概念

一个像素的最大值是 255，用二进制表示为 11111111，在计算机中占 8bit 的存储空间。那么什么是位深呢？位深就是为每个像素分配的比特数。如果比特数是 8，每个像素的值可以是 0 ~ 255。如果是 4，每个像素的值是 0 ~ 15（二进制中为 1111）。一般都用 255。

前面说灰度图像只需要一个二维数组表示，如图 3.4 所示。

彩色图像需要 3 个二维数组表示，如图 3.5 所示。这样就引入了图像通道的概念。彩色图像至少包含 3 个平面：Red、Green 和 Blue。使用这 3 种颜色的特定组合可以创建任何颜色。所有的像素都是这 3 种颜色值的组合。（255,0,0）表示 Pure Red；（0,255,0）表示 Pure Green；（255,0,255）表示 Pure Violate，它的位深为 24，因为每个像素为 8×3 bit（每个通道 8bit）。

23	23	34	255	0
78	245	129	25	251
23	12	89	90	37
84	26	47	127	199

图 3.4　8 bit 位深灰度图像

Red Plane				
23	23	34	255	0
78	245	129	25	251
23	12	89	90	37
84	26	47	127	199

Green Plane				
231	0	35	45	45
77	21	79	1	74
145	154	47	10	34
71	255	74	27	19

Blue Plane				
46	45	3	78	13
75	50	70	71	42
14	214	111	74	88
123	72	90	13	67

图 3.5　8×3 bit 彩色图像的 3 个通道

彩色图像可以看成 3 个二维数组，每个二维数组放在一个颜色通道里面。单独拎出一个颜色通道数组显示出来的都是灰度图像，只有 3 个通道合并才能称之为彩色图像。

因此在图像处理中，经常把颜色通道分离，单独处理一个通道的数组，然后再合并成一幅彩色图像。

小结：这一节介绍了图像的构成，以及图像的宽高、坐标、位深和通道等概念，区分了灰度图像和彩色图像。

3.2　图像的读取、显示和存储操作

通过上一节的学习，我们了解了计算机眼中的图像。本节将介绍一些基础的 OpenCV 函数，Python 代码将调用这些函数以实现图像的读取、显示和存储操作。

3.2.1　OpenCV 基本图像处理函数

OpenCV 中封装了很多处理图像的函数，非常方便。本节将介绍几个基础的函数声明。

1. imread () 函数的声明

```
src=cv2.imread(filename, flags=1 )
```

函数功能：读取一幅画图像。
参数如下：

- filename：文件的位置，如果只提供文件名，那么文件应该和 C++ 文件在同一目录，否则必须提供图片的全路径。
- flags：表示读取的参数，可以省略，说明原图不做任何修改，如果是 0，则表示读取后的是单通道图像。
- 函数输出为读取的图像矩阵。

2. imshow () 函数的声明

```
cv2.imshow(winname, mat)
```

函数功能：在指定名字的窗口中显示存储在 mat 中的图像。如果窗口是使用 WINDOW_AUTOSIZE 创建的，图像会显示为它的原始尺寸，否则图像会调整到窗口尺寸的大小。
参数如下：

- winname：窗口的名字，这个名字是 namedWindow() 函数创建窗口时使用的。
- mat：存储图像数据的 Mat 对象。

3. imwrite () 函数的声明

```
cv2.imwrite(filename, img)
```

函数功能：输出图像到文件。
参数如下：

- filename：const string& 类型的 filename，写入文件名加上后缀。
- img：ImputArray 类型的 img，一般填写一个 Mat 类型的图像数据。

4．waitKey () 函数的声明

```
cv2.waitKey(delay = 0)
```

函数功能：waitKey() 函数通过指定 delay(毫秒) 等待按键的时间。如果 delay 是 0 或负数，它会永久等待；如果任意键被按下，该函数就会返回按键的 ASCII 值，程序继续执行；如果指定的时间没有按下键，该函数返回 –1，程序继续执行。

3.2.2　Python 读取一张图片并显示和存储

打开上一章建立的 Pycharm project，新建一个新的 read.py 文件，然后将程序 3-1 复制、粘贴进去，单击 Run 按钮。其中，放在最前面的 # -*- coding: UTF-8 -*- 是为了防止中文注释引起编译器错误。Python 中只需要 import OpenCV 的包就可以调用 OpenCV 的函数。

程序 3-1　读取一张图片并显示和存储示例：read.py

```
01   # -*- coding: UTF-8 -*-
02   import cv2
03   def main():
04       img = cv2.imread('gray1.jpg')
05       cv2.imshow('gray',img)
06       cv2. imwrite('save.png',img)
07       cv2.waitKey(0)
08   if __name__ == '__main__':
09       main()
```

由上述代码可以看出：

（1）在代码中加入一行 import cv2，就完成了 OpenCV 的包导入。

（2）调用函数的时候需要在 OpenCV 原本的函数前加上 cv2.，以确保能找到该函数。

（3）注意 Python 的缩进方式，它代表了函数的范围。

（4）imwrite() 函数可以将图像保存成不同的格式。

最终显示结果如图 3.6 所示，其中显示框上面的名字是直接在 imshow 里面指定的。在 project 路径下会出现一个 save.png 图片，图片显示效果跟 gray1.jpg 一样，只是图像格式不同。

图 3.6　read.py 程序运行结果

3.3　从像素出发构建二维灰度图像

二维灰度图像只有灰度信息，只需要一个二维数组就可以进行描述，处理起来特别简单。灰度的变化代表了图像的纹理信息变化，而纹理信息是图像处理中经常会遇到的对象。本节将介绍一个在 Python 图像处理中经常用到的科学计算库 NumPy。

3.3.1　NumPy 科学计算库

NumPy 科学计算库是一个强大的科学计算库。Python 里面的很多数组计算都是基于 NumPy 库。NumPy 库定义了 N 维数组对象 ndarray。图像就是数组描述的，大规模的矩阵计算是必不可少的。

1. NumPy 库的安装

在 Mac 上使用命令行工具在 Anaconda 下进行安装，打开终端，进入之前建立的 environment，输入命令如下：

```
01    conda env list
02    source activate AICV35
03    pip install numpy
```

2. NumPy 库的测试

在工程目录下新建 Test1.py 文件，然后输入程序 3-2。

程序 3-2　NumPy 库测试示例：Test1.py

```
01    # -*- coding: UTF-8 -*-
02    import numpy as np
03    # arrage 函数是生成 0 ～ 14 的排列
04    test_numpy = np.arange(15).reshape(3, 5)
05    print(test_numpy)
```

上述代码主要生成了一个 3×5 的二维数组，数组里面的元素以 0 ～ 14 顺序排列，代码输出结果如下：

```
01    [[ 0  1  2  3  4]
02     [ 5  6  7  8  9]
03     [10 11 12 13 14]]
```

3. NumPy 库的基本函数

接下来列出 NumPy 库中常用的基本函数，这些函数将应用到下面的代码中。

- ndim：维度。
- shape：各维度的尺度。
- size：元素的个数。
- dtype：元素的类型。
- itemsize：每个元素的大小。

ndarray 数组的创建：

- np.arange(n)：元素从 0 到 $n\text{-}1$ 的 ndarray 类型。
- np.ones(shape)：生成全 1。
- np.zeros((shape),ddtype = np.int32)：生成 int32 型的全 0 数组。
- np.eye(n)：生成单位矩阵。
- np.ones_like(a)：按数组 a 的形状生成全 1 的数组。
- np.zeros_like(a)：按数组 a 的形状生成全 0 的数组。
- np.linspace(1,10,4)：根据起止数据等间距地生成数组。

数组的维度变换：

- reshape(shape)：不改变当前数组，依 shape 生成。
- resize(shape)：改变当前数组，依 shape 生成。

■ swapaxes(ax1, ax2)：将两个维度进行调换。

■ flatten()：对数组进行降维，返回折叠后的一维数组。

3.3.2 创建二维灰度图像

接下来将调用 NumPy 库里面的函数，生成一幅二维灰度图像。其实对于 NumPy 而言，这只是生成了一个二维数组。程序 3-3 是创建灰度图像的例子。

程序 3-3 创建一幅全黑的灰度图像示例：gray.py

```
01    # -*- coding: UTF-8 -*-
02    import numpy as np
03    import cv2
04    # 定义 main() 函数
05    def main():
06        img = np.array([
07          [0, 0, 0],
08          [0, 0, 0],
09        ], dtype=np.uint8)
10        # 用 OpenCV 存储
11        cv2.imwrite('img_cv2.jpg', img)
12        cv2.imshow('img_cv2.jpg', img)
13        cv2.waitKey(0)
14    if __name__ == '__main__':
15        main()
```

代码中新建了一个 img 的二维数组，即 3×2 的全 0 数组，然后将数组保存成图片。运行后，程序目录下多出了一个 img_cv2.jpg 图片，右上角显示图片的大小为 3×2，JPEG 格式，如图 3.7 所示。因为图像特别小，所以在显示框里面只能看到一个黑点。

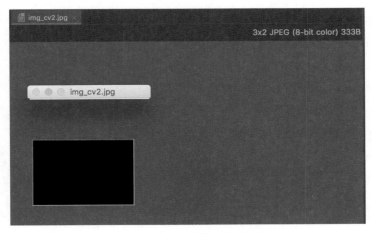

图 3.7 gray.py 程序运行结果

3.3.3 灰度图像的遍历

灰度图像就是一个二维数组，遍历里面的像素可以通过数组读取的方式。程序 3-4 是遍历灰度图像的例子。

程序 3-4 遍历灰度图像示例：gray1.py

```
01  # -*- coding: UTF-8 -*-
02  import numpy as np
03  import cv2
04  # 定义 main() 函数
05  def main():
06      img = cv2.imread('gray1.jpg')
07      height,width,n = img.shape          # 得到图片的宽、高和维度
08      img2 = img.copy()                   # 复制一个跟 img 相同的新图片
09      # 从宽、高两个维度遍历图片
10      for i in range(height):
11          for j in range(width):
12              img2[i, j] = 0              # 将数组里面的元素重新赋值
13      cv2.imshow('img2.jpg', img2)
14      cv2.waitKey(0)
15  if __name__ == '__main__':
16      main()
```

上述代码的功能就是新建一个图像 img 的复制图片 img2，这样操作是为了不破坏原始输入图片的数据，是图像处理中的惯常操作。遍历 img2 的时候把 img2 里的当前元素赋值成 0，然后显示。从图 3.8 中可以看到，原来的图片中所有的元素都变成了黑色。

图 3.8 gray1.py 程序运行结果

从上述代码可以看出，二维灰度图像的遍历其实跟二维数组的遍历是一样的，数组里面存储的是像素信息，在灰度图像中代表了图片颜色的灰度值，因此遍历出坐标 (x, y) 处的像素值的时候可以进行各种数学运算。

3.4 灰度图像和彩色图像的变换

彩色图像比灰度图像拥有更丰富的信息，它的每个像素通常是由红（R）、绿（G）、蓝（B）3 个分量来表示的，每个分量介于 0 ～ 255 之间。本节将着重介绍彩色图像的处理及彩色图像和灰度图像相互转换的相关内容。

3.4.1 图像的颜色空间

图像中呈现的不同的颜色都是由 R、G、B 这 3 种颜色混合而成的。在 OpenCV 里面，彩色图像拥有 3 个颜色通道，但是通道的顺序是可以变换的，RGB、BRG、BGR、GBR、GRB 都有可能。在读取一幅图像的时候，我们对于图像的颜色通道排布并不清楚，因此需要先把图像的颜色通道固定下来，这就需要调用 OpenCV 的 cvtColor() 函数。

cvtColor() 函数的功能是对图像进行颜色空间变换，原型如下：

```
dst=cv2.cvtColor(src, code )
```

参数说明：

- src：输入图像即要进行颜色空间变换的原图像，可以是 Mat 类。
- code：转换的代码或标识，即在此确定将什么制式的图片转换成什么制式的图片，后面会详细讲述。

函数输出进行颜色空间变换后存储图像。

通过调用 cvtColor() 函数，还可以将一幅彩色图像转换成灰度图像，示例代码见程序 3-5，代码运行效果如图 3.9 所示。

程序 3-5 彩色图像转灰度图像示例：color2gray.py

```
01    # -*- coding: UTF-8 -*-
02    import numpy as np
03    import cv2
04    # 定义 main() 函数
05    def main():
06        img = cv2.imread('1.jpg')
```

```
07        img2 = cv2.cvtColor(img,cv2.COLOR_RGB2GRAY)
                                          # 从彩色图像转化成灰度图像
08        cv2.imshow('img2.bmp ', img2)
09        cv2.waitKey(0)
10  if __name__ == '__main__':
11        main()
```

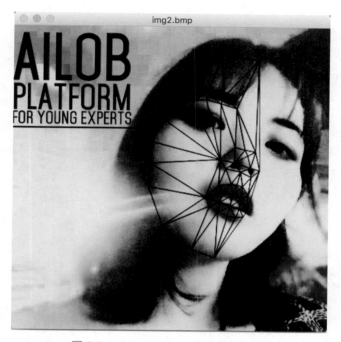

图 3.9　color2gray.py 程序运行结果

注意：cvtColor() 函数还可以通过改变参数 cv2.COLOR_RGB2BRG 等改变图像颜色通道的排列顺序。另外也可以直接在读取图像函数 imread 时设置参数为 0，直接将彩色图像读取为灰度图像，img = cv2.imread('1.jpg',0)。

3.4.2　彩色图像的通道分离和混合

　　灰度图像是单通道的，彩色图像拥有 R、G、B 三个颜色通道。因此在图像处理时，经常把颜色通道分离，单独处理一个通道的数组，然后再合并成一幅彩色图像。

　　在实际的代码编写中，只需要调用 OpenCV 中的 split() 和 merge() 函数就可以实现图像的通道分离和合并。

split() 函数的功能是将多通道的矩阵分离成单通道矩阵，原型如下：

```
[,mv]=cv2.split (src)
```

参数说明：输入参数为要进行分离的图像矩阵，输出参数为一个 Mat 数组。

merge() 函数的功能是将多个单通道图像合成一幅多通道图像，原型如下：

```
dst=cv2.merge([,dst] )
```

参数说明：输入参数可以是 Mat 数组，输出为合并后的图像矩阵。

3.4.3　彩色图像的通道分离和混合程序示例

输入一幅彩色图像，通过程序 3-6 将其分割成 R、G、B 这 3 个通道的图像并显示。在分割前需要先确定图像的颜色通道分布，因此先调用 cvtColor() 函数固定颜色通道。示例代码参见程序 3-6，效果如图 3.10 所示。

程序 3-6　彩色图像通道分离示例：colorsplit.py

```
01    # -*- coding: UTF-8 -*-
02    import numpy as np
03    import cv2
04    # 定义 main() 函数
05    def main():
06        img = cv2.imread('1.jpg')
07        img2 = cv2.cvtColor(img,cv2.COLOR_BRG2RGB)
08        r,g,b = cv2.split(img2)            #img 分离成三个单通道的图像
09        cv2.imshow("Red", r)
10        cv2.imshow("Green", g)
11        cv2.imshow("Blue", b)
09        cv2.waitKey(0)
10    if __name__ == '__main__':
11        main()
```

图 3.10　colorsplit.py 程序运行结果

　　可以看出，在图像通道分离后，不同颜色通道的图像显示深浅不一，单通道的图像呈现该颜色通道的灰度信息。接下来把这 3 个颜色通道混合一下，在代码中加入一行代码：img3 = cv2.merge([b,g,r]);，这样 img3 又回到了原来输入的彩色图像样式，显示效果如图 3.11 所示。

图 3.11　图像三通道混合后的输出

3.4.4　彩色图像的二值化

　　图像的二值化是将图像上的像素点的灰度值设置为 0 或 255，也就是将整个图像呈现出明显的黑白效果。彩色图像二值化最简单的步骤如下：

　　（1）彩色图像转灰度。

　　（2）图像阈值化处理，即像素值高于某阈值的像素赋值为 255，反之为 0。其中，阈值的操作会调用 OpenCV 的 threshold() 函数。

　　threshold() 函数声明如下：

```
ret, dst = cv2.threshold(src, thresh, maxval, type);
```

　　函数功能：实现图像固定阈值的二值化。

　　参数说明：

■　src：输入图，只能输入单通道图像，通常来说为灰度图。

- dst：输出图。
- thresh：阈值。
- maxval：当像素值超过了阈值（或者小于阈值，根据 type 来决定）时所赋予的值。
- type：二值化操作的类型，包含 5 种类型，即 cv2.THRESH_BINARY、cv2. THRESH_BINARY_INV、cv2.THRESH_TRUNC、cv2.THRESH_TOZERO 和 cv2.THRESH_TOZERO_INV。

举例参考程序 3-7。

程序 3-7　彩色图像二值化示例：colorthreshold.py

```
01    # -*- coding: UTF-8 -*-
02    import numpy as np
03    import cv2
04    # 定义 main() 函数
05    def main():
06        img = cv2.imread('1.jpg',0)
07        thresh1,dst =cv2.threshold(img,127,255,cv2.THRESH_BINARY)
                                                          # 图像二值化
08        cv2.imshow("dst", dst)
09        cv2.waitKey(0)
10    if __name__ == '__main__':
11        main()
```

如程序 3-7 所示，高于 127 的像素全部置为 255，低于的全部置为 0，得到如图 3.12 所示的输出结果。

图 3.12　colorthreshold.py 程序输出结果

3.4.5　彩色图像的遍历

灰度图像的遍历按照访问二维数组的方式得到坐标位置的像素。那对于彩色图像呢？彩色图像可以看出是 3 维数组，遍历方式参见程序 3-8。

程序 3-8　遍历彩色图像示例：color1.py

```
01    # -*- coding: UTF-8 -*-
02    import numpy as np
03    import cv2
04    # 定义 main() 函数
05    def main():
06        img = cv2.imread('1.jpg')
07        height,width,n = img.shape          # 得到图片的宽高和维度
08        img2 = img.copy()                   # 复制一个跟 img 相同的新图片
09        # 宽高两个维度遍历图片
10        for i in range(height):
11            for j in range(width):
12                img2[i, j][0] = 0           # 将第一个通道内的元素重新赋值
13        cv2.imshow('img2.jpg', img2)
14        cv2.waitKey(0)
15    if __name__ == '__main__':
16        main()
```

由于第一个通道里面的颜色信息全部变为了 0，图像显示结果如图 3.13 所示。

图 3.13　color1.py 程序运行结果

> **注意：** 在读取不同通道的图像像素值时，需要先确定图像的通道排列是 RGB 还
> 是 BRG。

3.4.6　彩色图像和灰度图像的转换

经过前面的学习，我们知道彩色图像转成灰度图像有 3 种路径：

- imread 读取图像的时候直接设置参数为 0，彩色图像自动被读成灰度图像。
- 调用 cvtColor() 函数，参数设置为 cv2.COLOR_BGR2GRAY。
- 调用 split() 函数，可以将一幅彩色图像分离成 3 个单通道的灰度图像。

那么灰度图像有没有可能转换成彩色图像呢？

我们知道灰度图像是单通道的，彩色图像是 RGB 3 这个颜色通道。那么是否可以人
为地增加图像的通道，伪造出另外两个通道，而另外两个通道可以随机地赋值呢？程
序 3-9 做出了尝试。

程序 3-9　增加图像通道示例：gray2color1.py

```
01  # -*- coding: UTF-8 -*-
02  import numpy as np
03  import cv2
04  # 定义 main() 函数
05  def main():
06      img = cv2.imread('gray1.jpg')
07      gray = np.zeros((512, 512, 3), np.uint8)   # 生成一个空彩色图像
08      height,width,n = img.shape
09      # 图像像素级遍历
10      for i in range(height):
11          for j in range(width):
12              gray[i, j][0] = img[i, j][0]
13              gray[i, j][1] = 0
14              gray[i, j][2] = 0
15      cv2.imshow('gray.jpg', gray)
16      cv2.waitKey(0)
17  if __name__ == '__main__':
18      main()
```

上述程序新建了一个 3 通道的空的彩色图像，然后将读取的灰度图像放在新建的彩
色图像的第一个通道，也就是 B 通道，其他两个通道赋值 0，所以图像整体呈现蓝色，程
序运行结果如图 3.14 所示。

图 3.14　gray2color1.py 程序运行结果

上述方法转换的图像颜色很单一。有没有更加智能的方法呢？在摄像技术不是很成熟的时期，人们给拍摄出来的黑白照片上色，发明了一种伪彩色图像技术。在 OpenCV 里面，可以用预定义好的 Colormap（色度图）来给图片上色，示例代码参见程序 3-10。

程序 3-10　伪彩色图像技术示例：gray2color2.py

```
01    # -*- coding: UTF-8 -*-
02    import numpy as np
03    import cv2
04    # 定义 main() 函数
05    def main():
06        img = cv2.imread('gray1.jpg')
07        im_color = cv2.applyColorMap(img, cv2.COLORMAP_JET)    # 色度图上色
08        cv2.imshow("im_color.jpg", im_color)
09        cv2.waitKey(0)
10    if __name__ == '__main__':
11        main()
```

程序运行结果如图 3.15 所示。伪彩色图像目前主要应用在对高度、压力、密度、湿度等描述上，彩色数据可视化。

图 3.15　gray2color 程序运行结果

3.5　图像的几何变换

　　本节将重点介绍图像的裁剪，以及各种几何变换，包括旋转、平移、缩放和镜像等内容，将用大量的程序示例演示不同的几何变换实现过程及实现效果。本节会涉及大量的数学几何知识、各种公式，以及图像插值算法的描述。

3.5.1　图像几何变换的基本概念

　　图像的几何变换是指在不改变图像内容的前提下对图像的像素进行空间几何变换，主要包括图像的平移变换、镜像变换、缩放和旋转等。

　　来看百度词条中对几何变换的数学定义。

　　一个几何变换需要两部分运算：第一部分是求解空间变换坐标函数，用以描述平移、缩放、旋转和镜像等变换后输出图像与输入图像之间的像素映射关系；第二部分是插值运算，因为按照这种变换关系进行计算时，输出图像的像素可能被映射到输入图像的非整数坐标上。

设原图像 $f(x_0, y_0)$ 经过几何变换产生的目标图像为 $g(x_1, y_1)$，则该空间变换（映射）关系可表示为：

$$x_1 = s(x_0, y_0)$$
$$y_1 = t(x_0, y_0)$$

其中，$s(x_0, y_0)$ 和 $t(x_0, y_0)$ 为由 $f(x_0, y_0)$ 到 $g(x_1, y_1)$ 的坐标变换函数。

求解出坐标变换函数后开始计算变换后的图像像素位置，然后插值到变换后的图像上。

3.5.2　插值算法

对于数字图像而言，像素的坐标是离散型非负整数，在进行空间坐标变换计算的过程中，有可能产生浮点坐标值。例如，原图像坐标 (11,11) 在缩放过程中缩小到一半的时候，坐标变成了 (5.5,5.5)，这种坐标值是无效的。插值算法就是用来处理这些浮点坐标的。常见的插值算法有最邻近插值法、双线性插值法、二次立方插值法、三次立方插值法等。其中最常见的是最邻近插值和双线性插值，接下来会具体介绍这两种插值算法。

1. 最近邻插值算法

这是最简单的一种插值方法。在坐标 (i, j) 的四邻域空间中，按照坐标将邻域划分成四个范围，分别标记为 A、B、C、D，将计算出来的像素坐标放到这个邻域中，看坐标在哪个区域就将距离最近的邻接像素灰度值赋予它，如图 3.16 所示。

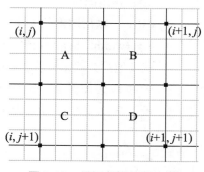

图 3.16　最近邻插值示意图

设 u、v 为大于 0 小于 1 的小数，$(i+u, j+v)$ 为输入的像素坐标，则待求像素灰度值为 $f(i+u, j+v)$，根据 u、v 值的不同，$f(i+u, j+v)$ 的值也不同，具体规则如下：

- 如果 $u < 0.5$，$v < 0.5$，则 $(i+u, j+v)$ 落在 A 区，$f(i+u, j+v) = f(i, j)$；
- 如果 $u >= 0.5$，$v < 0.5$，则 $(i+u, j+v)$ 落在 B 区，$f(i+u, j+v) = f(i+1, j)$；
- 如果 $u < 0.5$，$v > 0.5$，则 $(i+u, j+v)$ 落在 C 区，$f(i+u, j+v) = f(i, j+1)$；
- 如果 $u > 0.5$，$v >= 0.5$，则 $(i+u, j+v)$ 落在 D 区，$f(i+u, j+v) = f(i+1, j+1)$。

从上述算法中可以看出，最近邻插值的计算量很小，但是不可避免地造成了图像灰度上的不连续，在灰度变化密集的地方很容易出现锯齿。

2. 双线性插值算法

同样，对于一个目标像素，设置坐标通过反向变换得到的浮点坐标为 $(i+u, j+v)$，其中 i、j 均为非负整数，u、v 为 $[0,1)$ 区间的浮点数，则这个像素的值 $f(i+u, j+v)$ 可由原图像中坐标为 (i, j)、$(i+1, j)$、$(i, j+1)$、$(i+1, j+1)$ 所对应的周围 4 个像素的值来决定，即

$$f(i+u, j+v) = (1-u)(1-v)f(i, j) + (1-u)vf(i, j+1) + u(1-v)f(i+1, j) + uvf(i+1, j+1)$$

其中，$f(i, j)$ 表示源图像 (i, j) 处的的像素值。

跟最近邻插值算法相比，双线性插值计算量大，但缩放后图像质量高，不会出现像素值不连续的情况。但是双线性插值具有低通过滤器的特性，在插值计算中可能会损失图像高频分量，使图像轮廓在一定程度上变得模糊。

3. 插值算法的实现

根据上面的算法规则描述，插值算法可以自己实现的难度不大，在图像处理过程中插值经常配合其他操作使用，因此在 OpenCV 很多函数里面集成了插值的实现，比如 OpenCV 函数 resize()，里面已经集成了大量的插值算法。resize() 函数可以实现图像大小变换，默认插值方法为双线性插值。函数声明如下：

```
dst=cv2.resize(src, dsize, fx, fy, interpolation)
```

参数说明：

- src：输入图像。
- dst：输出图像。
- dsize：输出图像的大小。如果这个参数不为 0，那么就代表将原图像缩放到这个 Size(width，height) 指定的大小；如果这个参数为 0，那么原图像缩放之后的大小就要通过公式来计算，dsize = Size(round(fx*src.cols), round(fy*src.rows))。其中，fx 和 fy 是图像 Width 方向和 Height 方向的缩放比例。
- fx：Width 方向的缩放比例，如果是 0，那么就会按照 dsize.width/src.cols 来计算。
- fy：Height 方向的缩放比例，如果是 0，那么就会按照 dsize.height/src.rows 来计算。
- interpolation：表示插值方式。

3.5.3 图像的缩放

图像的缩放主要用于改变图像的大小。缩放后，图像的宽度和高度会发生变化。图像缩放包含两个系数：水平缩放系数和垂直缩放系数。

水平缩放系数控制图像宽度的缩放，其值为 1，则图像的宽度不变；其值小于 1，则图像的宽度变窄；其值大于 1，则图像的宽度变宽。垂直缩放系数控制图像高度的缩放，其值为 1，则图像的高度不变；其值小于 1，则图像的宽度变矮；其值大于 1，则图像的宽度变高。如果水平缩放系数和垂直缩放系数不相等，那么缩放后图像的宽度和高度的比例会发生变化，使图像变形。要保持图像宽度和高度的比例不发生变化，就需要水平缩放系数和垂直缩放系数相等。

1. 缩放原理

设水平缩放系数为 fx，垂直缩放系数为 fy，(x_0, y_0) 为缩放前的坐标，(x, y) 为缩放后的坐标，其缩放的坐标映射关系如下：

$$x = x_0 \times fx$$
$$y = y_0 \times fy$$

2. 程序实现

调用 OpenCV 的 resize() 函数可以轻松实现图像的缩放，见程序 3-11。

程序 3-11　图像缩放示例：resize.py

```
01    # -*- coding: UTF-8 -*-
02    import numpy as np
03    import cv2
04    # 定义 main() 函数
05    def main():
06        img = cv2.imread('2.jpg')
07        height, width, temp = img.shape
08        downscale =cv2.resize(img,(100, 100),interpolation=cv2.INTER_LINEAR)
                                                              # 缩小
09        upscale=cv2.resize(img,(2*width,2*height),        # 放大
          interpolation=cv2.INTER_LINEAR)
10        cv2.imshow('downscale', downscale)
11        cv2.imshow('upscale', upscale)
12        cv2.imshow("image ", img)
13        cv2.waitKey(0)
14    if __name__ == '__main__':
15        main()
```

输入一张 470×380 的图片，输出结果如图 3.17 所示。

中间是输入的原图，调用了 resize() 函数，左边的图片是整体尺寸缩小到了 100×100，右边的图片是等比例放大 2 倍。resize() 函数既可以指定输出图像的具体尺寸，也可以指定图像水平或垂直缩放的比例。

图 3.17　resize.py 程序运行结果

注意：图像在放大的时候调用了插值算法，放大的图片会出现一些失真，尤其在放大倍数很大的时候会出现模糊的现象，但是缩小后作为下采样则不会出现上述问题。

3.5.4　图像的平移

图像的平移变换就是将图像所有的像素坐标分别加上指定的水平偏移量和垂直偏移量。tx、ty 分别代表水平和垂直方向上平移的距离。这里利用 np.array() 创建这个矩阵，然后调用 warpAffine 来实现这个变换并保持图像大小不变。

OpenCV 的 warpAffine() 函数声明如下：

```
dst=cv2. warpAffine( src, M, dsize)
```

参数说明：

- src：输入图像。
- M：输入变换矩阵。
- dsize：输出图像尺寸。
- 输出为变换后的图像。

程序 3-12 展示了图像平移的代码实现。首先构建变换矩阵 M，设置向左、向右各平移 50 个像素，则 M= [[1, 0, 50], [0, 1, 50]]。

程序 3-12　图像平移示例：translation.py

```
01    # -*- coding: UTF-8 -*-
02    import numpy as np
03    import cv2
04    # 定义 main() 函数
05    def main():
06        img = cv2.imread('2.jpg')
```

```
07        height, width, temp = img.shape
08        M = np.array([[1, 0, 50], [0, 1, 50]], np.float32)
09        img_tr = cv2.warpAffine(img, M, img.shape[:2])   # 图像平移
10        cv2.imshow(' img_tr ', img_tr)
11        cv2.imshow("image ", img)
12        cv2.waitKey(0)
13    if __name__ == '__main__':
14        main()
```

　　程序运行结果如图 3.18 所示。在上述代码中，图片的平移并没有设置改变图像的尺寸，因此平移后无像素的地方显示为黑色。

图 3.18　translation.py 程序运行结果

3.5.5　图像的旋转

　　图像的旋转就是让图像按照某一点旋转到指定的角度。图像旋转后不会变形，但是其垂直对称轴和水平对称轴都会发生改变，旋转后图像的坐标和原图像坐标之间的关系已不能通过简单的加减乘除来得到，而需要通过一系列的复杂运算得到。

　　需要确定 3 个参数：图像的旋转中心点、旋转角度和缩放因子。OpenCV 中集成了 getRotationMatrix2D() 函数来实现图像的旋转，具体函数声明如下：

```
M=cv2.getRotationMatrix2D(center,angle,scale)
```

参数说明：

■　center：旋转的中心点。

- angle：旋转的角度。
- scale：图像缩放因子。

调用 getRotationMatrix2D() 函数之后得到了图像的变换矩阵 M，然后再调用 warpAffine() 函数，输入图像变换矩阵 M 得到最终的结果，实现代码见程序 3-13。

程序 3-13　图像旋转示例：rotation.py

```
01    # -*- coding: UTF-8 -*-
02    import numpy as np
03    import cv2
04    # 定义 main() 函数
05    def main():
06        img = cv2.imread('2.jpg')
07        height, width, temp = img.shape
08        M = cv2.getRotationMatrix2D((width/2, height/2), 45, 1)
                                              # 中心旋转 45°
09        img_ro = cv2.warpAffine(img, M, img.shape[:2])
10        cv2.imshow(' img_ro ', img_ro)
11        cv2.imshow("image ", img)
12        cv2.waitKey(0)
13    if __name__ == '__main__':
14        main()
```

程序运行结果如图 3.19 所示。旋转之后依旧不改变图像的尺寸，所以会出现图像信息丢失的情况。

图 3.19　rotation.py 程序运行结果

注意：图像在旋转和平移后都会出现图像被裁剪的问题。对于这种情况，需要先计算输出图像的尺寸，然后调整参数，即可避免这个问题。

3.5.6　图像的镜像变换

图像的镜像变换分为两种：水平镜像和垂直镜像。水平镜像以图像垂直中线为轴，将图像的像素进行对换，也就是将图像的左半部和右半部对调。垂直镜像则是以图像的水平中线为轴，将图像的上半部分和下半部分对调。

1. 镜像变换原理

设输入图像的变换坐标为 (x_0, y_0)，变换后的坐标为 (x, y)，Width 是图像的宽，Height 为图像的高，因此可以得出：

水平镜像变换：$x = \text{width} - x_{0-1}, y = y_0$；

垂直镜像变换：$x = x_0, y = \text{height} - y_{0-1}$。

2. 程序实现

OpenCV 中集成了直接实现镜像变换的 flip() 函数，函数声明如下：

```
dst=cv2.flip( src, flipCode, dst=None)
```

参数说明：

- src：输入图像。
- flipCode：翻转模式，flipCode==0 垂直翻转（沿 x 翻转），flipCode > 0 水平翻转（沿 y 翻转），flipCode < 0 水平垂直翻转（先沿 x 轴翻转，再沿 y 翻转，等价于旋转 180°）。
- 输出为变换后的图像。

镜像变换实现代码见程序 3-14。

程序 3-14　图像镜像变换示例：imgflip.py

```
01    # -*- coding: UTF-8 -*-
02    import numpy as np
03    import cv2
04    # 定义 main() 函数
05    def main():
06      img = cv2.imread('2.jpg')
07      height, width, temp = img.shape
08      xImg = cv2.flip(img, 1, dst=None)      # 水平翻转
09      yImg = cv2.flip(img, 0, dst=None)      # 垂直翻转
10      cv2.imshow(' xImg ', xImg)
11      cv2.imshow(' yImg ', yImg)
12      cv2.imshow("image ", img)
13      cv2.waitKey(0)
14    if __name__ == '__main__':
15      main()
```

程序运行结果如图 3.20 所示。

图 3.20 imgflip.py 程序运行结果

3.6 图像色彩空间基础知识

在计算机视觉和图像处理领域，色彩空间指的是组织色彩的特定方式，是进行颜色信息研究的理论基础，它将颜色从人们的主观感受量化为具体的表达，为用计算机来记录和表现颜色提供了有力的依据。一幅图像可以用不同的色彩空间表示，有很多很有用的不同的颜色空间。其中，一些常见的颜色空间有 RGB、HSI、HSV 和 HSB 等。不同的颜色空间有不同的优点。本节将介绍几种常见的色彩空间描述，以及图像的颜色参数，如色调、色相、饱和度、对比度和亮度等。

3.6.1 图像的色调、色相、饱和度、亮度和对比度

在具体介绍几种色彩空间之前，我们需要先清楚以下几个概念。

1. 色调

色调是指色彩外观的基本倾向，描述了图像色彩模式下原色的明暗程度，范围为0 ~ 255，共 256 级色调。对于灰度图像，当色调级别为 255 时就是白色，当级别为 0 时就是黑色，中间是各种程度不同级别的灰色。在 RGB 色彩空间下，色调代表红、绿、蓝三种原色的明暗程度，而红色有淡红色、玫红色、深红色、暗红色等不同的色调。

2. 色相

色相是指具体的颜色，如大红、淡紫色、天蓝色等。调整色相就是调整景物的颜色，例如，彩虹由红、橙、黄、绿、青、蓝、紫 7 色组成，那么它就有 7 种色相。色相是色

彩的首要特征，是区别各种不同色彩的最准确的依据。

3. 饱和度

饱和度是指图像颜色的浓度。饱和度越高，颜色越饱满，饱和度越低，颜色就会显得越陈旧、惨淡。当饱和度为 0 时，图像就为灰度图像。

4. 亮度

亮度指照射在景物或图像上光线的明暗程度。当图像亮度增加时，就会显得耀眼或刺眼，当亮度越小时，图像就会显得越灰暗。

5. 对比度

对比度指不同颜色之间的差别。对比度越大，不同颜色之间的反差越大。例如，灰度图像对比度越高，表现出来的黑白分明的效果越明显。但对比度过大，图像就会显得很刺眼；对比度越小，不同颜色之间的反差就越小。

3.6.2　RGB 色彩空间

RGB 色彩空间是最常见的颜色空间。R、G、B 分别代表红色（Red）、绿色（Green）、蓝色（Blue）。在这个颜色空间中，每一种颜色都由 R、G、B 的不同权重代表。在几何上，以 R、G、B 三个互相垂直的轴所构成的空间坐标系被称为 RGB 模型。RGB 色彩系统用 R、G、B 三原色通过不同比例的混合来表示任一种色彩，其优点是直观、易于理解。

但是三个颜色分量之间是高度相关的，如果一个颜色的某一个分量发生了一定程度的改变，那么这个颜色很可能也要发生改变。例如，如果改变图像的亮度，那么 RGB 的 3 个分量都会相应地改变。

3.6.3　HSV 色彩空间

HSV（Hue，Saturation，Value）色彩空间对应于画家配色的方法。画家用改变色浓和色深的方法从某种纯色获得不同色调的颜色，在一种纯色中加入白色以改变色浓，加入黑色以改变色深，同时加入不同比例的白色和黑色，即可获得各种不同的色调。

在几何上用圆柱坐标系中的一个圆锥形子集来描述 HSV 模型，圆锥的顶面对应于 $V=1$，它包含 RGB 模型中的 $R=1$、$G=1$、$B=1$ 这 3 个面。色彩 H 由绕 V 轴的旋转角给定。红色对应于角度 0°，绿色对应于角度 120°，蓝色对应于角度 240°。

HSV 模型中的 V 轴对应于 RGB 颜色空间中的主对角线。在圆锥顶面的圆周上的颜色，$V=1$、$S=1$ 这种颜色是纯色。

3.6.4　HSI 色彩空间

HIS（Hue，Intensity，Saturation）色彩空间从视觉感官出发，用色调（Hue）、饱和度（Saturation）和亮度（Intensity）来描述颜色。HIS 空间可以用圆锥空间模型来描述。其中，色调 H 由角度表示，取值范围为 0 ～ 360°，每隔 60° 表示一种基本颜色（其他度数是相邻的基本度数之间的颜色）：红（RGB(255,0,0)）→黄（RGB(255,255,0)）→绿（RGB(0,255,0)）→青（RGB(0,255,255)）→蓝（RGB(0,0,255)）→紫（RGB(255,0,255)）→红。

饱和度 S 是 HIS 彩色空间中轴线到彩色点的半径长度，彩色点离轴线的距离越近，表示颜色的白光越多。强度 I 用轴线方向上的高度表示，圆锥体的轴线描述了灰度级，强度最小值时为黑色，强度最大值时为白色。每个和轴线正交的切面上的点，其强度值都是相等的。

本节简要地介绍了图像的色彩空间描述及图像的基本概念，从几何学角度介绍了 RGB、HSV 和 HIS 色彩空间的相关知识，根据相应的公式，几种色彩空间可以相互转换。在编程中这个功能就非常简单了，调用我们之前学过的 cvtColor() 函数，既可以直接完成色彩空间的变换。

3.7　图像的直方图

直方图应用于统计学中。一系列高度不等的线段用来描述数据分布。在图像处理中直方图的意义很大，经常用来统计不同颜色的分布情况等。另外，对直方图的一些变换可以改变图像的一些特性，比如直方图均衡化操作。本节将介绍图像的直方图，以及直方图的变换。

3.7.1　图像直方图的基本概念

图像直方图有两个参数：bins 和 range。bins 表示特征统计量。例如，在图像直方图中，可以把一个灰度值设置为一个 bin，0 ～ 255 强度的灰度值一共就需要 256 个 bin。range 表示一个 bins 能够达到的最大和最小的范围。例如，一张 10×10 的图片，如果直方图是按照亮度统计像素数量，那么 range 的范围就是 0 ～ 100。

在图像处理中，bins 不仅是指灰度值，而且它作为直方图的统计数据参量，可能是任何能有效描述图像的特征，比如梯度、方向、色彩或任何其他特征等。一张用以表示数字图像中亮度分布的直方图，描绘了图像中亮度值的像素数。可以借助观察该直方图了解如何调整亮度分布，直方图中横坐标的左侧为纯黑或较暗的区域，右侧为纯白较亮的区域。因此，对于一幅较暗的图片的图像直方图，其数据多集中于左侧和中间部分，而整体明亮、只有少量阴影的图像直方图中则集中于右侧部分。直方图的意义如下：

- 直方图是图像中像素强度分布的图形表达方式。
- 直方图统计了每个强度值所具有的像素个数。

3.7.2　绘制灰度图像的直方图

在 Python 中，图像的直方图绘制需要用到 Matplotlib 库，它是一个 Python 的 2D 绘图库。在 Mac 上使用命令行工具在 Anaconda 下进行安装。打开终端，进入之前建立的开发环境里，输入如下命令：

```
01    conda env list
02    source activate AICV35
03    pip install Matplotlib
```

安装成功后，开始绘制图像的直方图，其中用到了 OpenCV 的 alcHist() 函数，其主要功能是计算图像直方图，函数原型如下：

```
hist=cv2.calcHist(images, channels, mask, histSize, ranges, hist=None,
accumulate=None)
```

参数说明：

- images：输入图像，传入时应该用中括号 [ ] 括起来。
- channels：传入图像的通道，如果是灰度图像，那么只有一个通道，值为 0；如果是彩色图像（有 3 个通道），那么在 0、1、2 中选择一个值，对应着 BGR 的各个通道，这个值也得用 [ ] 传入。
- mask：掩膜图像，如果统计整幅图，那么为 None；如果要统计部分图的直方图，就得构造相应的掩膜来计算。
- histSize：灰度级的个数，需要中括号，比如 [256]。
- range：像素值的范围，通常为 [0, 256]。此外，假如 channels 为 [0, 1]，ranges 为 [0,256,0,180]，则代表 0 通道范围是 0 ～ 256，1 通道范围 0 ～ 180。
- 输出为计算出来的直方图。

灰度图像直方图的绘制代码见程序 3-15，输出结果如图 3.21 所示。

程序 3-15　灰度图像直方图示例：grayhist.py

```
01   # -*- coding: UTF-8 -*-
02   import numpy as np
03   import cv2
04   from Matplotlib import pyplot as plt
05   def main():
06       img = cv2.imread('3.jpg',0)
07       hist = cv2.calcHist([img], [0], None, [256], [0, 256])
08       plt.figure()                              # 新建一个图像
09       plt.title("Grayscale Histogram")          # 图像的标题
10       plt.xlabel("Bins")                        # x 轴标签
11       plt.ylabel("# of Pixels")                 # y 轴标签
12       plt.plot(hist)                            # 画图
13       plt.xlim([0, 256])                        # 设置 x 坐标轴的范围
14       plt.show()                                # 显示图像
15       input()
14   if __name__ == '__main__':
15       main()
```

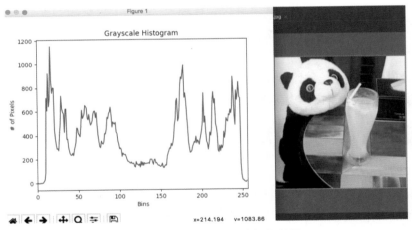

图 3.21　grayhist.py 程序运行结果

按照一张输入图像的灰度格式，x 坐标代表 0 ～ 255 级的 bins，y 坐标代表不同 bins 下的像素个数。从图 3.21 中可以看出，该图像在低灰度区域和高灰度区域中的像素分布比较多。

注意：在调用 Matplotlib 库绘制图形的时候，程序会出现闪退。解决方案是，如果使用的是 Python 3，在程序后面加上一句 input()；如果使用的是 Python 2，在程序最后加上一句 raw_ input()，则可以成功显示绘制后的图形。

3.7.3　绘制彩色图像的直方图

灰度图像只有一个通道，因此绘制比较简单。那么对于彩色图像呢？它需要用到之前的 split() 函数将图像通道分开，然后进行绘制，示例代码见程序 3-16。

程序 3-16　彩色图像直方图示例：colorhist.py

```
01  # -*- coding: UTF-8 -*-
02  import numpy as np
03  import cv2
04  from Matplotlib import pyplot as plt
05  def main():
06      img = cv2.imread('3.jpg')
07      chans = cv2.split(img)
08      colors = ('b', 'g', 'r')
09      plt.figure()                                    # 新建一个图像
10      plt.title("Flattened Color Histogram")          # 图像的标题
11      plt.xlabel("Bins")                              # x 轴标签
12      plt.ylabel("# of Pixels")                       # y 轴标签
13      for (chan, color) in zip(chans, colors):
14          hist = cv2.calcHist([chan], [0], None, [256], [0, 256])
15          plt.plot(hist, color=color)
16          plt.xlim([0, 256])
17      plt.show()                                      # 显示图像
18      input()
19  if __name__ == '__main__':
20      main()
```

程序运行结果如图 3.22 所示。其中，R、G、B 三种颜色都绘制在同一张直方图上，可以看出相同 bins 下不同颜色的数目分布。红色分量集中在灰度级别比较高的区域，蓝色分量集中在灰度级别比较低的区域。

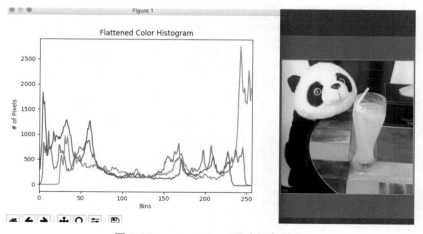

图 3.22　colorhist.py 程序运行结果

3.7.4　图像直方图均衡化

图像的直方图展示了图像不同灰度级别的像素分布。从前两节绘制的直方图中可以看出，图像的像素分布很不均衡。在图像处理中，如果一幅图像的像素占有很多的灰度级而且分布均匀，那么这样的图像往往有高对比度。直方图均衡化就是调整输入图像的直方图信息，使得图像像素在灰度级别上均衡分布的的一种图像变化方法。

直方图均衡化的基本思想是对图像中像素个数多的灰度级进行展宽，而对图像中像素个数少的灰度进行压缩，从而扩展图像像素取值的动态范围。图像均衡化的作用是提高对比度和灰度色调的变化，使图像更加清晰。

程序 3-17 调用了 OpenCV 的 equalizeHist() 函数，该函数功能是实现直方图均衡化，其原型如下：

```
dst=equalizeHist(src)
```

参数说明：

- src：输入图像。
- 输出为图像均衡化后的图像。

程序 3-17　灰度图像直方图均衡化示例：equ-hist.py

```
01   # -*- coding: UTF-8 -*-
02   import numpy as np
03   import cv2
04   from Matplotlib import pyplot as plt
05   def main():
06       img = cv2.imread('1.png',0)
07       eq = cv2.equalizeHist(img)                    # 图像均衡化
08       cv2.imshow("Histogram Equalization", np.hstack([img, eq]))
09       cv2.waitKey(0)
10   if __name__ == '__main__':
11       main()
```

运行结果如图 3.23 所示。可以看出，直方图均衡化对图像对比度增强的效果非常明显，原本图像中亮的地方亮度增加，图像暗的地方更加暗。但是图像均衡化并不适用于所有的场景，对于一些输入图像，均衡化高亮的部分会出现光斑，视觉效果很差，如图 3.24 所示。

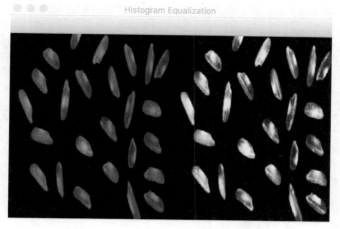

图 3.23　equ-hist.py 程序运行结果 1

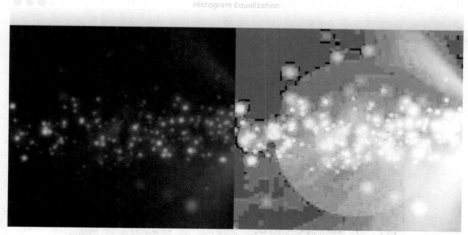

图 3.24　equ-hist.py 程序运行结果 2

　　以上展示的是图片的全局直方图均衡化，也就是对整张图像都进行了处理。在实际项目中，有的时候这种操作并不是很好，会把某些不该调整的部分调整了，而我们需要的可能只是对图像的某一块区域进行均衡化处理。OpenCV 中还有一种局部直方图均衡化函数，也就是说把整个图像分成许多小块（如按 8×8 把图像分成多个小块），再对每个小块进行均衡化，示例代码见程序 3-18。

程序 3-18　灰度图像直方图局部均衡化示例：localequ-hist.py

```
01    # -*- coding: UTF-8 -*-
02    import numpy as np
03    import cv2
04    from Matplotlib import pyplot as plt
```

```
05    def main():
06        img = cv2.imread('1.png',0)
07        clahe = cv2.createCLAHE(5, (8, 8))          # 创造一个 8×8 的 clash
08        dst = clahe.apply(img)                       # 图片切分成 8×8 的小块
09        cv2.imshow("local Histogram Equalization", np.hstack([img, dst]))
10        cv2.waitKey(0)
11    if __name__ == '__main__':
12        main()
```

其中调用了 OpenCV 的 createCLAHE() 函数，其声明如下：

```
clahe=createCLAHE([, clipLimit[, tileGridSize]])
```

参数说明：

- clipLimit：对比度的大小。
- tileGridSize：每次处理块的大小。

程序运行结果如图 3.25 所示。可以看出，提升的对比度没有之前明显，程序的主要功能是把图片切分成了几个 8×8 的小块，并对每个小块里面进行直方图均衡化。

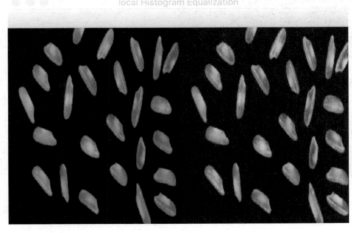

图 3.25　localequ-hist.py 程序运行结果

3.7.5　图像直方图反向投影

图像直方图的反向投影定义是通过直方图来生成图像，反向投影生成图在某一位置的像素值就是原图对应位置的像素值在原图像中的总数目。反向投影的实现过程比图像计算直方图的过程容易理解，就是统计图像中像素分布的概率，而反向投影正好相反，是通过直方图来形成图像。在由反向投影生成的图像中，如某像素值在直方图中的值越大，在进行反向投影操作时其对应的像素值越大，如某灰度值所占面积越小，其反向投影后像素值就会更小。

OpenCV 中定义了 calcBackProject() 函数用来计算直方图反向投影，函数原型如下：

```
dst=calcBackProject(images, channels, hist, ranges, scale[, dst])
```

参数说明：

- images：输入图像（HSV 图像）。
- channels：用于计算反向投影的通道列表，通道数必须与直方图维度相匹配。
- hist：输入的模板图像直方图。
- ranges：直方图中每个维度 bin 的取值范围（即每个维度有多少个 bin）。
- scale：可选输出反向投影的比例因子，一般取 1。

程序 3-19 是直方图反向投影的一个示例。

程序 3-19　图像反向投影示例：backpro-hist.py

```
01    # -*- coding: UTF-8 -*-
02    import numpy as np
03    import cv2
04    from Matplotlib import pyplot as plt
05    def main():
06        sample = cv2.imread("50.jpg")
07        target = cv2.imread("5.jpg")
08        roi_hsv = cv2.cvtColor(sample, cv2.COLOR_BGR2HSV)   # 图像转 HSV 空间
09        target_hsv = cv2.cvtColor(target, cv2.COLOR_BGR2HSV)
10        cv2.imshow("sample", sample)
11        cv2.imshow("target", target)
12        roiHist = cv2.calcHist([roi_hsv], [0, 1], None, [32, 30],
          [0, 180, 0,256])                                 # 计算直方图
13        cv2.normalize(roiHist, roiHist, 0, 255, cv2.NORM_MINMAX)
                                                             # 直方图归一化
14        dst = cv2.calcBackProject([target_hsv], [0, 1], roiHist, [0,
          180, 0,256], 1)                                   # 直方图反向投影计算
15        cv2.imshow("back_projection_demo", dst)
16        cv2.waitKey(0)
17    if __name__ == '__main__':
18        main()
```

显示结果如图 3.26 所示。首先读入两幅图片，sample 对应的图像比较大，target 对应的图像比较小，然后将两幅图像都转换成 HSV 空间，计算 sample 图像的直方图 roiHist，接着调研归一化函数 normalize() 并对其做归一化处理，归一化到 0 ～ 255 区间，然后输入 target 图像的 hsv 空间的 target_hsv 图像和 sample 图像归一化了的直方图 roiHist，反向计算出图像 dst 并显示出来。从显示结果可以看出，反向投影的效果能够反映图像的轮廓，可以找到 target 图像在 sample 图像中的大致位置。

从上述例子可以看出，图像直方图的反向投影用于在比较大的输入图像中查找特定

图像（通常较小的模板图像最匹配的区域），也就是定位模板图像出现在输入图像的位置。

图 3.26　backpro-hist.py 程序运行结果

3.8　本 章 小 结

本章详细介绍了图像处理技术的基础知识，涉及的图像基本概念有图像格式、图像像素、坐标、位深和通道图像的 RGB、HSV 和 HIS 色彩空间，以及图像的直方图，期间通过大量的 Python 例子演示了图像的旋转、平移、镜像和缩放等几何变换。需要注意以下几点：

（1）灰度图像和彩色图像的相互转换方法，其中提到了伪彩色图像技术。

（2）调用 OpenCV 函数实现的各种图像的几何变换算法在默认参数下图像的尺寸不发生变换，在几何变换的时候可能会损失一些图像的部分信息，如果要做到不损失图像部分信息，则需要对输出图像的尺寸进行定义。图像几何变换之后不能直接对像素赋值，而需要调用插值算法，在调用 OpenCV 函数时需要选择插值方式，因此需要了解不同插值算法的实现效果和算法效率。比如最近邻插值算法速度最快但是很容易在灰度密集的地方出现锯齿状。

（3）图像的直方图均衡化可以增加图像的对比度。图像直方图反向投影可以在比较大的图像中搜索输入模板的位置。

第 4 章

First Blood：第一波项目实战

上一章介绍了图像的基本概念、基础图像处理的 Python 实现，以及 Numpy 和 Matplotlib 库。本章尝试做一些好玩的应用。

现在热门的软件中集成了各种图像处理效果，像抖音的哈哈镜及各种图像风格化效果。人们已经不满足简单自拍，有了更多样、更新、更好玩的需求，比如头像的漫画和油画效果等。如图 4.1 所示就是一张水彩画自画像。本章将以大量好玩的实例来展示如何去"玩"Python，来生成一张很酷的头像。

图 4.1 社交中日常分享的照片

本章介绍了利用图像处理的基本知识去实现各种好玩的图像应用，涉及的知识点主要有：

■ 图像形变；

- 图像滤波；
- 边缘检测和二值化；
- 图像色彩空间增强；
- 像素级图像处理。

4.1　抖音哈哈镜

本节将介绍根据 OpenCV 函数和一些基础的几何知识编写 Python 代码以实现哈哈镜的效果。

4.1.1　抖音的哈哈镜效果

图 4.2 展示了 3 种抖音的图像变形效果：左上角的图像出现了眼睛放大的效果；右上角的图像实现了脸部两侧变形的效果；最下面的图像实现了下半脸的拉伸变形效果。抖音里面有一些图像素材，像雀斑、眼泪等，丰富了用户体验。对于脸部不同位置的变形，需要用到深度学习算法实现人脸对齐，而本节只是解析哈哈镜的原理和实现效果。

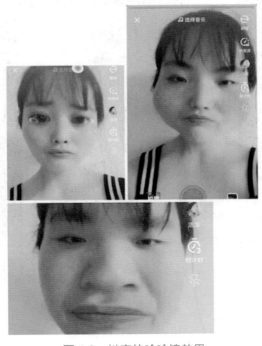

图 4.2　抖音的哈哈镜效果

4.1.2　哈哈镜的原理

现实生活中的哈哈镜，是指一种表面凸凹不平的镜子，可以反映出人像及物件的扭曲面貌。在图像处理中，哈哈镜效果是通过图像坐标变换来模拟真实的哈哈镜效果。具体算法过程如下：

输入图像 $f(x, y)$，宽高分别为 Width 和 Height，设置图像中心坐标 Center（cx, xy）为缩放中心点，图像上任意一点到中心点的相对坐标 $tx=x-cx, ty=y-cy$。哈哈镜效果分为图像拉伸放大和图像缩小。

对于图像拉伸放大，设置图像变换的半径为 radius，哈哈镜变换后的图像为 $p(x, y)$。

$$x = (tx/2) \times (\text{sqrt}(tx \times tx + ty \times ty)/radius) + cx$$
$$y = (ty/2) \times (\text{sqrt}(tx \times tx + ty \times ty)/radius) + cy$$

对于图像缩小，设置图像变换的半径为 radius，哈哈镜变换后的图像为 $p(x, y)$。

$$x = \cos(\text{atan2}(ty, tx)) \times 12 \times (\text{sqrt}(tx \times tx + ty \times ty) + cx$$
$$y = \sin(\text{atan2}(ty, tx)) \times 12 \times (\text{sqrt}(tx \times tx + ty \times ty) + cy$$

4.1.3　哈哈镜的程序实现

在上一节中给出了哈哈镜实现的算法表达式，本节直接编写代码。因为程序中用到了很多数学计算，需要 import math 包，调用 math 库中的函数时，需要在函数前加上 math.。先写出哈哈镜拉伸放大效果的 Python 代码，见程序 4-1。

程序 4-1　哈哈镜的实现 1：magic-mirror1.py

```
01    # -*- coding: UTF-8 -*-
02    import cv2
03    import math
04    def MaxFrame(frame):
05        height, width, n = frame.shape          # 获得图像的宽高
06        center_x = width / 2
07        center_y = height / 2
08        radius = 400
09        real_radius =int(radius / 2.0)          # 设置半径
10        new_data = frame.copy()
          # 图像遍历
11        for i in range(width):
12            for j in range(height):
13                tx = i - center_x
14                ty = j - center_y
15        distance = tx * tx + ty * ty
```

```
16              if distance < radius * radius:
17                  newx = int(tx/ 2.0)
18                  newy = int(ty/ 2.0)
19                  newx = int(newx * (math.sqrt(distance) / real_radius))
20                  newx = int(newx * (math.sqrt(distance) / real_radius))
21                  newx = int(newx + center_x)
22                  newy = int(newy + center_y)
23                  if newx<width and newy<height:
24                      new_data[j, i][0] = frame[newy, newx][0]
25                      new_data[j, i][1] = frame[newy, newx][1]
26                      new_data[j, i][2] = frame[newy, newx][2]
27      return new_data
```

在以上程序中需要注意的是，因为涉及很多浮点运算，所以需要加上转 int() 函数，保证最后的图像坐标为非负整数。另外，由于计算可能会导致最终的 newx 和 newy 出现超过图像范围的坐标，因此需要加 if 语句来确保图像遍历成功。

程序 4-2 是哈哈镜缩小效果的例子。为了防止计算后的坐标小于 0，因此在程序中也增加了 if 语句的条件约束。

程序 4-2　哈哈镜的实现 2：magic-mirror2.py

```
01      # -*- coding: UTF-8 -*-
02      import cv2
03      import math
04      def MaxFrame(frame):
05          height, width, n = frame.shape
06          center_x = width / 2
07          center_y = height / 2
08          radius = 400
09          real_radius =int(radius / 2.0)
10          new_data = frame.copy()
        # 图像遍历
11          for i in range(width):
12              for j in range(height):
13                  tx = i - center_x
14                  ty = j - center_y
15                  theta = math.atan2(ty, tx)
16                  radius = math.sqrt((tx * tx) + (ty * ty))
17                  newx = int(center_x + (math.sqrt(radius) *12 * math.cos(theta)))
18                  newy = int(center_y + (math.sqrt(radius) *12 * math.sin(theta)))
                # 防止计算后坐标小于 0
19                  if newx < 0 and newx >width:
20                      newx = 0
21                  if newy <0 and newy >height:
22                      newy = 0
23                  if newx<width and newy<height:
24                      new_data[j, i][0] = frame[newy, newx][0]
```

```
25            new_data[j, i][1] = frame[newy, newx][1]
26            new_data[j, i][2] = frame[newy, newx][2]
27      return new_data
```

通过上面两个程序示例，定义了两个函数，接下来在 main() 函数中对这两个函数进行调用，以实现最终的哈哈镜效果，见程序 4-3，效果如图 4.3 所示。

程序 4-3　哈哈镜的实现：magic-mirror.py

```
01  # -*- coding: UTF-8 -*-
02  import cv2
03  import math
04  def main():
05      img = cv2.imread("8.jpg")
06      cv2.imshow("original", img)
07      img2=MaxFrame(img)                      # 哈哈镜放大效果
08      cv2.imshow("enlarge", img2)
09      img3 = MinFrame(img)                    # 哈哈镜缩小效果
10      cv2.imshow("ensmall", img3)
11      cv2.waitKey(0)
12  if __name__ == '__main__':
13      main()
```

图 4.3　magic-mirror.py 程序运行效果

从图 4.3 可以看出是按照图像中心进行哈哈镜效果的。这种图像变形的原理很简单，就是求解变换后坐标和变换前坐标的坐标方程。接下来可以按照上面的例子直接赋值，也可以采取插值的方法得到输出图像。所有用到的函数都是之前介绍过的，程序逻辑也很简单。

注意： 本节的例子里面把变形的半径 Radius 定义死了，实际开发中可以更换 Radius 的大小，甚至可以做一个进度条动态调节 Radius 的大小，以获得不同值下哈哈镜的效果。

4.2 给你一张老照片

上一节尝试了图像坐标空间的变化。本节将关注图像颜色空间的变化做出怀旧风格的滤镜效果。

4.2.1 怀旧风格算法原理

在手机里面经常会集成各种滤镜效果，以 iPhone 7 中的怀旧风格的效果为例，如图 4.4 所示。选择怀旧风格主要是为了显示上海外滩的风情。

图 4.4　iPhone 7 中的怀旧风格效果

怀旧风格的设计主要是在图像的颜色空间进行处理，以 GRB 空间为例，对 R、G、B 这 3 个通道的颜色数值进行处理，让图像有一种泛黄的老照片效果。设计的转换公式如下：

$$R = 0.393 \times r + 0.769 \times g + 0.189 \times b$$
$$G = 0.349 \times r + 0.686 \times g + 0.168 \times b$$
$$B = 0.272 \times r + 0.534 \times g + 0.131 \times b$$

其中，r、g、b 分别代表输入的原图某一点图像像素的 RGB 值；R、G、B 代表了该点变换后的 RGB 值，注意变换后的 RGB 值要约束在 0 ～ 255 之间。

4.2.2　怀旧风格程序实现

具体的代码实现如程序 4-4 所示。需要注意的是，OpenCV 读取三通道图像的时候，图像的 R、G、B 这 3 个通道是按照 B、G、R 顺序排列的。

程序 4-4　怀旧风格的实现：retro.py

```
01    # -*- coding: UTF-8 -*-
02    import cv2
03    def retro_style(img):
04      img2 = img.copy()
05      height, width, n = img.shape
06      for i in range(height):
07        for j in range(width):
08          b = img[i, j][0]
09          g = img[i, j][1]
10          r = img[i, j][2]
              # 计算新的图像中的 RGB 值
11          B = int(0.272*r + 0.534*g + 0.131*b)
12          G = int(0.349*r + 0.686*g + 0.168*b)
13          R = int(0.393*r + 0.769*g + 0.189*b)
              # 约束图像像素值，防止溢出
14          img2[i, j][0] = max(0,min(B,255))
15          img2[i, j][1] = max(0,min(G,255))
16          img2[i, j][2] = max(0,min(R,255))
17          cv2.imshow("retroimg", img2)
18    def main():
19      img = cv2.imread('8.jpg')
20      retro_style(img)                              # 怀旧效果
21      cv2.imshow("img", img)
22      cv2.waitKey(0)
23    if __name__ == '__main__':
24      main()
```

程序运行结果如图 4.5 所示。可以看出，经过程序处理后的图片泛黄，带有年代感。这里只针对颜色空间做了处理，图像的细节纹理依旧保留。

图 4.5   retro 算法运行效果

4.3   给自己画一张文艺范的素描

上一节尝试了在颜色空间对 RGB 数值进行处理得到了怀旧风格图像。本节将尝试素描风格图像。

4.3.1   轮廓检测算法原理

现实世界中，经常会看到用铅笔画出各种文艺风格的绘画。如何用计算机程序来实现这种生动形象的手绘作品呢？

上一章介绍了图像的二值化，即保留图像的纹理信息，图像中只要黑和白两种色彩，如图 4.6 所示。图像的二值化实现了一种图像轮廓算法，其算法逻辑为先图像灰度化，然后滤波降噪，接着边缘检测，最后二值化得到图像的轮廓。

代码见程序 4-5。

程序 4-5   轮廓算法的实现：edge_fliter.py

```
01    # -*- coding: UTF-8 -*-
02    import cv2
03    def edge_fliter(img):
04        img2=cv2.cvtColor(img, cv2.COLOR_BGR2GRAY)# 图像变成灰度图像
05        img2=cv2.medianBlur(img2, 7)               # 中值滤波
06        img2=cv2.Laplacian(img2, cv2.CV_8U,5)      # 拉普拉斯变换
```

```
07        cv2.imshow("La", img2)
08        ret, thresh1=cv2.threshold(img2, 127, 255, cv2.THRESH_BINARY_INV)
                                                                    # 二值化
09        cv2.imshow("edge_fliter", thresh1)
10    # 定义 main 函数
11    def main():
12        img = cv2.imread('8.jpg')
13        edge_fliter(img)                                    # 轮廓检测算法
14        cv2.imshow("img", img)
15        cv2.waitKey(0)
16    if __name__ == '__main__':
17        main()
```

图 4.6　图像轮廓算法运行效果

　　程序中应用到了 Laplacian 轮廓检测的函数。图像的轮廓检测有很多函数，不同函数的处理结果是不一样的。Laplacian 轮廓检测的函数声明：dst = cv2.Laplacian(src, depth[, dst[, ksize[, scale[, delta[, borderType]]]]])。src 是需要处理的图像；depth 是图像的深度；–1 表示采用的是与原图像相同的深度，目标图像的深度必须大于等于原图像的深度；ksize 是算子的大小，必须为 1、3、5、7，默认为 1。

　　scale 是缩放导数的比例常数，默认情况下没有伸缩系数；delta 是一个可选的增量，将会加到最终的 dst 中，同样，默认情况下没有额外的值加到 dst 中；borderType 是判断图像边界的模式，参数默认值为 cv2.BORDER_DEFAULT。

4.3.2　素描风格算法原理

　　上一节尝试了图像轮廓的算法，显示的结果并没有达到素描的效果，因此需要重新进行设计。参考 Photoshop 素描的风格实现步骤：

（1）去色，将彩色图片转换成灰度图像。

（2）复制去色图层，并且反色，反色为 $Y(i,j)=255-X(i,j)$。

（3）对反色图像进行高斯模糊。

（4）模糊后的图像叠加模式选择颜色减淡效果。

通过图像叠加对图像颜色减淡公式设计为：

$$C = MIN(A + (A \times B) / (255 - B) , 255)$$

其中，C 为混合结果，A 为去色后的像素点，B 为高斯模糊后的像素点。也可以直接叠加两张图片。

4.3.3　素描风格算法的程序实现

具体的代码实现如程序 4-6 所示。用一张图片像素值为 0 的图像 img2 和灰度图像 gray0 进行叠加，程序如下：

```
gray1=cv2.addWeighted(gray0, -1, img2, 0, 255,0)
```

实现图像的反色操作须将 gamma 设置为 255，图像便实现了反色操作。结果如图 4.7 左图所示。

```
dst = src1 * alpha + src2 * beta + gamma
```

程序 4-6　素描风格的实现：sketch.py

```
01    # -*- coding: UTF-8 -*-
02    import cv2
03    import numpy as np
04    def sketch_style(img):
05        height, width, n = img.shape
06        gray0 = cv2.cvtColor(img, cv2.COLOR_BGR2GRAY)
          #构建一个空的图像
07        img2 = np.zeros((height, width), dtype='uint8')
08        gray1=cv2.addWeighted(gray0, -1, img2, 0, 255,0)  # 图像叠加
09        cv2.imshow("img0", gray1)
10        gray1=cv2.GaussianBlur(gray1, (11, 11), 0)          # 高斯滤波
11        dst = cv2.addWeighted(gray0, 0.5, gray1, 0.5, 0)# 滤波后图像叠加
12        cv2.imshow("sketch_img", dst)
13    def main():
14        img = cv2.imread('8.jpg')
15        sketch_style (img)                                  # 调用素描风格函数
16        cv2.imshow("img", img)
17        cv2.waitKey(0)
18    if __name__ == '__main__':
19        main()
```

程序运行结果如图 4.7 所示。图像反色的结果如图 4.7 左图所示，最终的素描结果如图 4.7 右图所示。

图 4.7　图像素描算法运行效果

4.4　来一张油画吧

本节尝试在图像的色彩空间将图像变成油画风格。

4.4.1　图像油画算法原理

油画的处理效果使图像的色彩变得艳丽，带来艺术感，但跟真实的图像相比，它是失真的。油画的笔触没有素描那么细腻，因此要逐行对图像进行处理，用相邻行之间的图像像素进行处理，让图像的笔触变得粗糙，色彩变得艳丽。

4.4.2　图像油画算法的程序实现

首先，对图像进行笔触的模糊处理。主要思路：相邻三行的图像对其像素进行打乱。具体代码如下：

```
01    # -*- coding: UTF-8 -*-
02    import cv2
03    import random
```

```
04    def oil_style(img):
05      height, width, n = img.shape
06      output = np.zeros((height-2, width,n), dtype='uint8')
07      for i in range(1,height-2):
08        for j in range(width-2):
                # 相邻行像素随机打乱
09          if random.randint(1,10) % 3==0:
10            output[i, j] = img[i+1,j]
11          elif random.randint(1,10) % 2==0:
12            output[i, j] = img[i + 2, j]
13          else:
14            output[i, j] = img[i - 1, j]
15      cv2.imwrite("oil_img.jpg", output)
```

代码中的 import random 库随机产生 1 ～ 10 之间的一个整数，通过分别对 2、3 求余，然后随机打乱相邻行像素，得到类似于油画效果的略微粗糙的笔触，具体效果如图 4.8 左图所示。可以看到，图 4-8 左侧图像的笔触比右侧图像（原图）的笔触粗糙。

图 4.8　图像笔触模糊处理效果

其次，增加图像的颜色。因为油画用色大胆，所以需要增强图像的色彩空间。本节通过图像色彩均衡法来增加图像的色彩。具体实现是调用 Python 中的 PIL 模块，因为该模块中有一个叫 ImageEnhance 的类，该类专门用于图像的增强处理，不仅可以增强（或减弱）图像的亮度、对比度和色度，还可以用于增强图像的锐度，因此可以非常简单地实现图像增强的操作。下面的代码调用其中的 ImageEnhance.Color() 函数，通过输入的参数来自动调节图像的色度。色度代表了图像色彩的丰富程度和饱和程度，数值为 1 的时候表示色度不变，数值增加表示色度比例的增加，从而达到色度增强的目的。具体代码如下：

```
01    # -*- coding: UTF-8 -*-
02    from PIL import Image
03    from PIL import ImageEnhance
04    def color_add():
```

```
05      image = Image.open('oil_img.jpg')          #PIL 库调用打开一张图片
06      enh_col = ImageEnhance.Color(image)         # 图像色彩增强
07      color = 2.0
08      image_colored = enh_col.enhance(color)
09      image_colored.show()
```

对于笔触变粗糙后的图像进行色彩增强处理，得到最终的图像油画风格效果如图 4.9 所示。调用两个算法实现的函数，其整个过程如程序 4-7 所示。

程序 4-7　油画风格的实现：oil_style.py

```
01      # -*- coding: UTF-8 -*-
02      import cv2
03      import numpy as np
04      from PIL import Image
05      from PIL import ImageEnhance
06      import random
07      def main():
08          img = cv2.imread('4.jpg')
09          oil_style (img)                        # 调用油画风格滤镜
10          color_add()                            # 图像叠加
11          cv2.imshow("img", img)
12          cv2.waitKey(0)
13      if __name__ == '__main__':
14          main()
```

图 4.9　图像油画风格效果

注意：本例中图像笔触粗糙算法只处理了相邻三行，如果要变得更粗糙可以对更多的相邻行数的图像像素进行打乱处理。另外，图像的色彩空间增强的系数设置为 2，随着系数的增加，色度变得更大，这两个都是经验值，可以根据实际情况进行调整。

4.5　如何打马赛克

有时在分享图像的同时需掩盖部分图像，因此就出现了马赛克效果。马赛克有不同的打码方式，打码后的图像会出现各种小方块。

4.5.1　马赛克算法原理

马赛克效果其实就是将图像分成大小一致的图像块，每一个图像块都是一个正方形，并且在这个正方形中所有像素值都相等。

其实现的思路是，将这个马赛克中一个个小正方形看成模板窗口。马赛克的编码方式有很多种，常见的如下：

- 模板中对应的所有图像的像素值都等于该模板的左上角第一个像素的像素值。
- 对于方块里的像素进行随机打乱。
- 随机用某一点代替领域类的所有像素。

正方形模板的大小决定了马赛克块的大小，即图像马赛克化的程度。本书中尝试第三种方式。

4.5.2　马赛克算法的程序实现

首先，对整张图像进行打码操作。选择一个 10×10 的 Patch，然后对其中的像素进行随机打乱。涉及的图像像素处理，可以调用 Python 的图像处理库。基于 Python 脚本语言开发的数字图片处理库有 PIL、Pillow 和 Scikit-image 等。其中，PIL 和 Pillow 只提供最基础的数字图像处理，Scikit-image 是基于 Scipy 的一款图像处理包，它将图片作为 NumPy 数组进行处理。本节采用 Scikit-image 将图像以数组的方式进行处理。

示例代码见程序 4-8。

程序 4-8　图片马赛克的实现：mosaic.py

```
01    # -*- coding: UTF-8 -*-
02    from skimage import img_as_float
03    import Matplotlib.pyplot as plt
04    from skimage import io
05    import random
06    import numpy as np
07    def main():
```

```
08      img=io.imread('4.jpg')
09      img = img_as_float(img)
10      img_out = img.copy()
11      row, col, channel = img.shape
12      half_patch =10                               # 马赛克大小
        # 对马赛克滑块移动时图像内部像素进行处理
13      for i in range(half_patch, row-1-half_patch, half_patch):
14         for j in range (half_patch, col-1-half_patch, half_patch):
15             k1 = random.random() - 0.5
16             k2 = random.random() - 0.5
17             m=np.floor(k1*(half_patch*2 + 1))
18             n=np.floor(k2*(half_patch*2 + 1))
19             h=int((i+m) % row)
20             w=int((j+n) % col)
21             img_out[i-half_patch:i+half_patch,
                 j-half_patch:j+half_patch, :] =\ img[h, w, :]
22      plt.figure(1)
23      plt.imshow(img)
24      plt.axis('off')
25      plt.figure(2)
26      plt.imshow(img_out)
27      plt.axis('off')
28      plt.show()
29  if __name__ == '__main__':
30      main()
```

取 Patch size 为 10 的滑块滑动遍历整张图片，通过 random() 函数随机在图像的
Patch 领域里取一个像素来替换 Patch 里面的所有像素值，以达到打码的效果，结果如图
4-10 所示。

图 4.10　图像马赛克效果

> **注意：**
> 本节的例子是对整张图片进行打码。也可以直接通过鼠标事件选择需要打码的区域，然后对该区域进行马赛克编码。鼠标事件的获取可以参见本书第 8 章的相关内容。

4.6　打造自己的专属肖像漫画

在社交网络中，微信头像等经常出现手绘的头像效果。这种艺术风格是怎么实现的呢？前面几节展示了素描和油画风格的代码实现，本节将打造头像的漫画风格。

4.6.1　漫画风格算法原理

按照以往的图像算法设计流程，先研究图像的漫画风格有什么特征。漫画风格的图片线条比较粗糙，笔触夸张，保留了很多墨水绘制的线条，因此算法的设计思路如下：

（1）将彩色图像转换成灰度图像。

（2）边缘检测提取灰度图像的边缘。

（3）对于检测的边缘进行增强并二值化产生粗线条的特征图像。

（4）将处理完的图像与原图进行叠加，得到最终效果。

4.6.2　漫画风格算法的程序实现

边缘提取和二值化可以采用 OpenCV 自带的自适应阈值二值化函数 adaptiveThreshold() 来解决。函数声明如下：

```
dst = cv2.adaptiveThreshold(src, maxval, thresh_type, type, Block Size, C)
```

参数说明：

- src：输入图，只能输入单通道图像，通常来说为灰度图。
- dst：输出图。
- maxval：当像素值超过了阈值（或者小于阈值，根据 type 来决定所赋予的值。）
- hresh_type：阈值的计算方法包含两种类型，即 cv2.ADAPTIVE_THRESH_

MEAN_C 和 cv2.ADAPTIVE_THRESH_GAUSSIAN_C。

- type：二值化操作的类型与固定阈值函数相同，包含 5 种类型，即 cv2.THRESH_BINARY、cv2.THRESH_BINARY_INV、cv2.THRESH_TRUNC、cv2.THRESH_TOZERO 和 cv2.THRESH_TOZERO_INV。
- Block Size：图片中分块的大小。
- C：阈值计算方法中的常数项。

图像阈值化的目的是从灰度图像中分离目标区域和背景区域。因为在灰度图像中，灰度值变化明显的区域往往是物体的轮廓，所以将图像分成一小块一小块地去计算阈值会得出图像的轮廓。而本节采用的自适应阈值二值化方法是一种改进了的阈值技术，其中阈值本身是一个变量，自适应阈值 $T(x,y)$ 的每个像素点都不同，通过计算像素点周围的 b×b 区域的加权平均，然后减去一个常数来得到自适应阈值，从而得到图像的轮廓并通过参数设置得到二值化后的轮廓图像。

代码见程序 4-9。

程序 4-9　漫画风格的实现：cartoon.py

```
01    # -*- coding: UTF-8 -*-
02    import cv2
03    def main():
04        img_rgb = cv2.imread("4.jpg")
05        img_color = img_rgb
06        img_gray = cv2.cvtColor(img_rgb, cv2.COLOR_RGB2GRAY)
07        img_blur = cv2.medianBlur(img_gray, 7)
08        img_edge = cv2.adaptiveThreshold(img_blur,255,
          cv2.ADAPTIVE_THRESH_MEAN_C, cv2.THRESH_BINARY, blockSize=9, C=2)
09        img_edge = cv2.cvtColor(img_edge, cv2.COLOR_GRAY2RGB)
10        img_cartoon = cv2.bitwise_and(img_color, img_edge)
                                    # 对图像中的每个像素进行与操作
11        cv2.imshow("out", img_cartoon)
12        cv2.waitKey(0)
13    if __name__ == '__main__':
14        main()
```

程序中加入了中值滤波，主要是降低图片的准确度，增加绘画中的误差。显示结果如图 4.11 所示，带有点日本热血动漫的感觉。也可以将图像转换成灰度图像或者泛黄处理，增加年代感，更加贴近早些年间印刷的纸质漫画效果，效果如图 4.12 所示。

图 4.11　图像漫画效果

图 4.12　图像漫画黑白和泛黄处理效果

4.7　本章小结

本章以大量的图像处理实例展示了图像的各种玩法，涉及的图像基本知识有滤波、边缘检测、图像叠加、图像色彩空间增强、二值化和各种图像的像素处理。主要的知识点都来源于第 3 章中的图像处理基础知识。需要注意以下几点：

（1）通过本章学习，读者能掌握图像项目需求从 0 到 1 的设计思想，即根据需要转换的效果和设计算法思路要达到目的，每一小节都是从一个具体需求出发，通过自定义分析对图像风格变换后与原图的区别进行了算法设计。

（2）本章给出的解决算法设计均不是标准答案，读者还可以通过其他算法设计出不同的解决方案，这也是图像处理的魅力所在。

（3）项目中存在大量的经验值，这个依赖实际环境和不同图像的具体情况，读者可以任意修改和观察最终的结果，调参是图像处理技术中经常会遇到的问题。

（4）本章都是对一张图像进行处理，如果想要实时看到效果，可参考第 5 章对视频图像的处理，读者可以尝试将算法移植到视频图像处理中，也能达到很好的效果。

第 5 章
Double Kill：视频图像处理理论和项目实战

上一章介绍了对于单张图像各种好玩的处理效果。本章将介绍视频图像处理的基本理论，以及如何在视频中实时地对图像进行处理（见图 5.1）。

图 5.1　抖音中好玩的视频截图

本章介绍了利用图像处理的基本知识去实现各种好玩的图像应用，涉及的主要知识点如下：

- 视频捕获和存储；
- 视频图像的提取和存储；
- 多视频合并；
- 视频帧间处理操作；
- 图片叠加处理。

5.1　视频处理流程和原理

视频有各种格式，比如 AVI 和 MP4 等，在播放视频时需要编解码，不同的播放器都有自己的编解码器。OpenCV 目前对于 AVI 和 MP4 读取正常，但是有大小限制，不能超过 2GB。OpenCV 集成了视频处理的各种函数，处理视频的流程就是读取完一段视频后将视频切分成一张张图片，对视频处理基本上是对图像本身处理的一个遍历。另外，基于视频流可以做出各种效果，比如视频追踪、计算视频帧间处理的效果等，主要应用于图像目标检测领域。

通过对比相邻帧间的图像差异，可以计算出图像中的运动目标。本章暂时不涉及这一点，只是讲述对图像处理效果的叠加。

5.1.1　视频的捕获和存储

视频的读取可以通过读取已经存储好的视频。可以通过打开 Camera 摄像头读取视频图像。OpenCV 中获取摄像头视频使用 VideoCapture 类，其构造参数为摄像头的 Index，一般的笔记本计算机只有一个摄像头，因此其 Index 一般为 0。获取视频属性（码率\尺寸）使用 VideoCapture 的 get() 方法。

将视频帧写入文件使用 VideoWriter 类，其构造参数分别为写入的文件路径名、编码格式、帧率及视频尺寸，可以通过 VideoCapture 获取。

程序 5-1 调用 VideoCapture.read() 按帧读取数据，每一帧视频就是一幅图像，对其进行高斯模糊，然后将其写入文件，并显示在窗口上。

程序 5-1　视频捕获和保存：video-capture.py

```
01    # -*- coding: UTF-8 -*-
02    import cv2
```

```
03    cv2.namedWindow('Video')
04    video_capture = cv2.VideoCapture(0)
05    video_writer = cv2.VideoWriter('test.avi',cv2.VideoWriter_fourcc
                ('M', 'J', 'P', 'G'),
                video_capture.get(cv2.CAP_PROP_FPS),
                (int(video_capture.get(cv2.CAP_PROP_FRAME_WIDTH)),
                int(video_capture.get(cv2.CAP_PROP_FRAME_HEIGHT))))
06    success, frame = video_capture.read()
07    while success and not cv2.waitKey(1) == 27:
08    blur_frame = cv2.GaussianBlur(frame, (3, 3), 0)
09    video_writer.write(blur_frame)
10    cv2.imshow("Video", blur_frame)
11    success, frame = video_capture.read()
12    cv2.destroyWindow('Video')
13    video_capture.release()
```

首先打开笔记本计算机的摄像头，然后创建一个视频对象 test.avi。AVI 格式的视频几乎支持所有软件的读 / 写。在 VideoWriter 类参数中设置写入的文件路径名、编码格式、帧率及视频尺寸。编码格式采用的是 OpenCV 提供的格式，是未经压缩的，目前支持的格式如下：

- CV_FOURCC('P', 'I', 'M', '1') = MPEG-1 codec；
- CV_FOURCC('M', 'J', 'P', 'G') = motion-jpeg codec；
- CV_FOURCC('M', 'P', '4', '2') = MPEG-4.2 codec；
- CV_FOURCC('D', 'I', 'V', '3') = MPEG-4.3 codec；
- CV_FOURCC('D', 'I', 'V', 'X') = MPEG-4 codec；
- CV_FOURCC('U', '2', '6', '3') = H263 codec；
- CV_FOURCC('I', '2', '6', '3') = H263I codec；
- CV_FOURCC('F', 'L', 'V', '1') = FLV1 codec。

本节中设置的是 motion-jpeg codec 格式，通过 VideoCapture.read() 按帧读取每一帧图像的数据，VideoCapture.write() 按帧将图像写入保存的 test.avi 视频中。

程序的运行结果是打开了笔记本计算机的 Camera，然后实时显示 Camera 捕获的数据。关闭程序后，在程序目录下出现一个 test.avi 的视频格式文件。

5.1.2　提取视频中的某些帧

视频可以视为连续帧图像的集合，可以对图像的帧进行计数，也可以通过视频的时间来提取视频中的某些帧。程序 5-2 读取上一节保存的 test.avi 视频，然后根据时间戳截取图像并保存在本地路径下。

程序 5-2　视频截取和保存：videoimg-save.py

```
01  # -*- coding: UTF-8 -*-
02  import cv2
03  vc = cv2.VideoCapture('test.avi')
04  c = 1
05  if vc.isOpened():
06      rval, frame = vc.read()
07  else:
08      rval = False
09      timeF = 1000
10  while rval:
11      rval, frame = vc.read()
12      if (c % timeF == 0):
13          cv2.imwrite('image/' + str(c) + '.jpg', frame)
14      c = c + 1
15      cv2.waitKey(1)
16  vc.release()
```

将视频读取出来，判断视频是否正确读取，然后设置视频帧的计数间隔频率 timeF=100，也就是每隔 100 帧保存一张图像到本地路径，保存的图像名称是图像的帧数。还可以直接通过帧数字保存图像，如保存第 100 ～ 500 帧的图像代码如下：

```
01  while rval:
02      rval, frame = vc.read()
03      if c >= 100 and c <= 500:
04          cv2.imwrite('image/' + str(c) + '.jpg', frame)
05      c = c + 1
```

5.1.3　将图片合成为视频

上一节中将视频保存成了一系列连续的图片。接下来介绍将这些图片保存成视频的实现过程。程序如下：

```
01  def imgs2video(imgs_dir, save_name):
02      fps = 24
03      fourcc = cv2.VideoWriter_fourcc(*'MJPG')
04      video_writer = cv2.VideoWriter(save_name, fourcc, fps, (640, 480))
05      imgs = glob.glob(os.path.join(imgs_dir, '*.jpg'))
06      for i in range(len(imgs)):
07          imgname = os.path.join(imgs_dir, 'core-{:02d}.jpg'.format(i))
08          frame = cv2.imread(imgname)
09          video_writer.write(frame)
10      video_writer.release()
```

上述函数中需要读取输入路径下的所有图片，采用了 Python 中的 glob 模块，这个模块是 Python 自带的一个文件操作模块，用它可以查找符合自己要求的文件，所以本段程序调用的时候需要在前面加上 import glob 语句。

　　glob 模块的主要方法就是 glob，该方法返回所有匹配的文件路径列表（list）；该方法需要一个参数来指定匹配的路径字符串（字符串可以为绝对路径也可以为相对路径），其返回的文件名只包括当前目录里的文件名，不包括子文件夹里的文件。比如 glob.glob(r'c:*.txt')，获得 C 盘下的所有 txt 文件；glob.glob(r'E:\pic**.jpg')，获得指定目录下的所有 jpg 文件。本例中将目标路径中的 jpg 格式文件名全部读出来，再调用 OpenCV 的 imread() 函数将图像读入 frame，然后写入 video。

5.1.4　多个视频合并

　　从前面的例子可以看出，视频处理的本质就是对图像的连续处理。那么视频的合并和剪切其实就是对图片的组合，多个视频的合并和剪切就是读取视频中的图片进行重新排列组合。上一节用到了 Python 的 glob 模块，这一节用 os 模块的 listdir 来获取路径下的所有视频文件，参见程序 5-3。

程序 5-3　视频合并：video-merge.py

```
01   # -*- coding: UTF-8 -*-
02   import cv2
03   import os
04   import random
05   VideoWriter = cv2.VideoWriter("merge.avi",cv2.VideoWriter_fourcc
     ('X', 'V', 'I', 'D'), 24, (600, 480))
06   mp4list = [x for x in os.listdir("../") if x[-4:] == ".mp4"]
07   for mp4file in mp4list:
08       capture = cv2.VideoCapture("../%s" % mp4file)
09       fps = capture.get(cv2.CAP_PROP_FPS)
10       if capture.isOpened():
11           i = 0
12           while i < fps * 17.5:
13               i += 1
14               ret, prev = capture.read()
15           if ret is True:
16               if fps == 24:
17                   VideoWriter.write(prev)
18               else:
19                   VideoWriter.write(prev)
20           else:
21               break
22   VideoWriter.release()
23   cv2.destroyAllWindows()
```

将目录下的所有 MP4 文件按安装读取的顺序进行合并，也可以直接设置合并的顺序，以及丢弃哪些帧。

5.2　抖音中的视频抖动效果设计

上一节介绍了利用 OpenCV 处理视频的基础知识。本节将基于这些基础知识设计算法来实现各种效果。

5.2.1　视频抖动的原理

为了搞清楚抖音中集成的视频抖动效果，这里先设计一个测试视频作为标准，找到抖音中的算法奥秘。首先读入一张棋盘格图像，如图 5.2 所示。棋盘格图像经常被用于图像处理时的畸变校正等场合。可以通过棋盘格图像中线条和矩形的变换，看出图像经历了哪些变形。

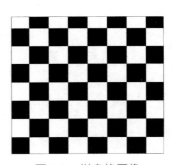

图 5.2　棋盘格图像

然后编写程序 5-4，生成一个棋盘格的标定视频。通过循环不停地在视频中写入棋盘格图像。

程序 5-4　测试视频抖动效果：gen_testvideo.py

```
01    # -*- coding: UTF-8 -*-
02    import cv2
03    fps = 30
04    fourcc = cv2.VideoWriter_fourcc(*'MJPG')
05    videoWriter = cv2.VideoWriter('save0.avi', fourcc, fps, (627,605))
06    c=0
07    frame = cv2.imread("timg.jpg")
08    while c<200:
09       videoWriter.write(frame)
10       c=c+1
11    videoWriter.release()
```

再将生成的 save0.avi 导入抖音中，观察抖动效果下棋盘格的变化情况，如图 5.3 所示。可以清楚地看到，棋盘格在视频中有多种渐变状态。忽略颜色特效，棋盘格图片的大小不变。但是图片中的棋盘格在变少，每个格子出现了不同规模的放大，这是一个渐变的过程。

　　在算法设计的时候，先忽略颜色的变化，因为抖音中加了颜色的特效，可以看到图像中边缘处有加上不同颜色的线条，这里仅仅考虑图像的缩放问题，而且为了算法足够简单，只设计两种图像状态。

　　对比抖动效果中的相邻几帧图片会发现，抖动效果的原理就是对视频中的一些帧进行剪切和放大到原图，出现视频中的人像放大颤动的效果，并因为视觉残留出现闪影效果。具体的步骤如下：

　　读取待处理的视频，设置出现抖动效果的帧数，比如相邻 5 帧的图像按照图像中心进行裁剪，然后缩放到原来的尺寸。设置抖动中不变的帧数，比如以 5 帧为间隔来处理图像。

图 5.3　抖音视频的抖动效果

5.2.2　视频抖动的程序实现

　　按照设计的规则来处理视频，见程序 5-4。读取一个 5 秒的视频，根据视频类的读取参数得到视频的帧数是 158 帧，FPS 为 30。定义一个 img_shake() 函数处理抖动中的图像，得到图像的中心 Center，然后将图像按比例裁剪 20% 之后再放大至原图大小。首先写一段测试代码来验证 img_shake() 函数是否成功，见程序 5-5。

程序 5-5　图像抖动效果测试：test-shake.py

```
01    # -*- coding: UTF-8 -*-
02    import cv2
03    def img_shake(img):
04        height,width,n=img.shape
05        h1=int(height*0.1)
06        h2=int(height*0.9)
07        w1 = int(width * 0.1)
08        w2 = int(width * 0.9)
09        img2=img[h1:h2,w1:w2]
10        dst = cv2.resize(img2, (width, height))
11        cv2.imshow("src",img)
12        cv2.imshow("dst",dst)
13        cv2.waitKey(0)
14    def main():
15        vc = cv2.VideoCapture('sample.mp4')
16        c = 1
17        while vc.isOpened():
18            rval, frame = vc.read()
19            if (c == 2):
20                img_shake(frame)
21            c = c + 1
22            cv2.waitKey(1)
23        vc.release()
24    if __name__ == '__main__':
25        main()
```

程序中测试了视频第二帧图像的 img_shake() 函数效果，如图 5.4 所示。左边是中心裁剪后放大的图片，对比右边的原图，可以看到呈现出人脸往前的效果。

图 5.4　img_shake 效果

因此整体的算法设计就是加上每隔 5 帧进行图像的处理，然后再将处理后的图像保存到一个视频里，见程序 5-6。

程序 5-6　视频抖动效果设计：video -shake.py

```
01  # -*- coding: UTF-8 -*-
02  import cv2
03  def img_shake(img):
04      height,width,n=img.shape
05      h1=int(height*0.1)
06      h2=int(height*0.9)
07      w1 = int(width * 0.1)
08      w2 = int(width * 0.9)
09      img2=img[h1:h2,w1:w2]
10      dst = cv2.resize(img2, (width, height))
11      cv2.imshow("src",img)
12      cv2.imshow("dst",dst)
13      return dst
14  def main():
15      vc = cv2.VideoCapture('sample.mp4')
16      c = 1
17      cout=5
18      fps = vc.get(cv2.CAP_PROP_FPS)
19      fourcc = cv2.VideoWriter_fourcc(*'MJPG')
20      video_writer = cv2.VideoWriter("img_shake.mp4", fourcc, fps, (640, 480))
21      while vc.isOpened():
22          rval, frame = vc.read()
23          if (c %5 ==0 or 0<cout<5):
24              dst=img_shake(frame)
25              video_writer.write(dst)
26          else:
27              cout = 5
28              cv2.imshow("dst", frame)
29              video_writer.write(frame)
30          c = c + 1
31          cv2.waitKey(1)
32      vc.release()
33  if __name__ == '__main__':
34      main()
```

5.3　抖音中的视频闪白效果设计

上一节介绍了抖音中视频抖动效果的实现。本节将讲解另外一种效果——闪白，还是以棋盘格的视频为参照，找出闪白效果的原理。

5.3.1　视频闪白的原理

在抖音中上传棋盘格视频，选择闪白的特效，观察其对视频图像的影响，如图 5.5 所示。可以看出，图像整体颜色变淡，这是由于图像过度曝光所致，因此按照设置图像曝光度来进行算法设计。

图 5.5　抖音闪白效果

这里提到了图像的 Gamma 变换，主要是用来调整图像曝光度的算法。什么是 Gamma 变换呢？ Gamma 变换是对输入的图像灰度值进行的非线性操作，使输出图像的灰度值与输入图像的灰度值呈指数关系如下：

$$V_{\text{out}} = A V_{\text{in}}^{Gamma}$$

这个指数即为 Gamma。

Gamma 变换用来做图像增强，其提升了暗部细节，简单来说就是通过非线性变换，让图像从曝光强度的线性响应变得更接近人眼感受的响应，即将相机曝光或曝光不足的图片进行矫正。

Gamma 值大于 1 时，对图像的灰度分布直方图具有拉伸作用，使灰度向高灰度值延展；而当小于 1 时，对图像的灰度分布直方图具有收缩作用，使灰度向低灰度值方向靠拢。因此设置 Gamma 参数可以控制图像的曝光度，在 0 ～ 1 时会造成图像过度曝光。

整个视频闪白特效的算法步骤如下：

（1）读取待处理的视频。

（2）设置出现闪白效果的帧数，比如对相邻 5 帧的图像进行 Gamma 参数调整使其过度曝光。

（3）设置视频中不变的帧数，比如以 5 帧为间隔来处理图像。

5.3.2　视频闪白的程序实现

首先对参考视频进行算法测试，验证设计思路是否正确，见程序 5-7。

程序 5-7　图像闪白效果测试：test-flicker.py

```
01    # -*- coding: UTF-8 -*-
02    import cv2
03    import numpy as np
04    def gamma_trans(img,gamma):
05        gamma_table=[np.power(x/255.0,gamma)*255.0 for x in range(256)]
06        gamma_table=np.round(np.array(gamma_table)).astype(np.uint8)
07        return cv2.LUT(img,gamma_table)
08    def main():
09        img = cv2.imread('timg.jpg')
10        value_of_gamma=0.01
11        image_gamma_correct = gamma_trans(img, value_of_gamma)
12        cv2.imshow("demo", image_gamma_correct)
13        cv2.waitKey(0)
14    if __name__ == '__main__':
15        main()
```

效果如图 5.6 所示。其中，左边的是 Gamma 参数为 0.1 的曝光图片，右边的是 Gamma 参数为 0.01 的曝光图片。为了效果更明显，这里选择 0.01 作为实验数据。

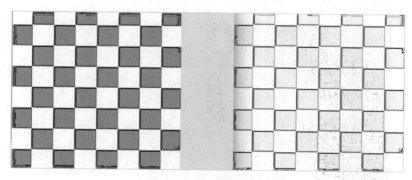

图 5.6　闪白算法测试

整个算法的设计代码见程序 5-8。

程序 5-8　视频闪白效果设计：video-flicker.py

```
01    # -*- coding: UTF-8 -*-
02    import cv2
03    import numpy as np
04    def gamma_trans(img,gamma):
05        gamma_table=[np.power(x/255.0,gamma)*255.0 for x in range(256)]
06        gamma_table=np.round(np.array(gamma_table)).astype(np.uint8)
```

```
07          return cv2.LUT(img,gamma_table)
08   def main():
09       vc = cv2.VideoCapture('sample.mp4')
10       c = 1
11       cout=5
12       fps = vc.get(cv2.CAP_PROP_FPS)
13       fourcc = cv2.VideoWriter_fourcc(*'MJPG')
14       video_writer = cv2.VideoWriter("img_flicker.mp4", fourcc, fps, (640, 480))
15       while vc.isOpened():
16           rval, frame = vc.read()
17           if (c %5 ==0 or 0<cout<5):
18               dst= gamma_trans(frame, 0.3)
19               video_writer.write(dst)
20           else:
21               cout = 5
22               cv2.imshow("dst", frame)
23               video_writer.write(frame)
24           c = c + 1
25           cv2.waitKey(1)
26       vc.release()
27   if __name__ == '__main__':
28       main()
```

在测试中发现，此处输入视频，Gamma 参数设置成 0.01 太低了，产生了很强烈的过度曝光，因此最后将 Gamma 参数定成了 0.3，最终显示结果中的某一帧如图 5.7 所示。

图 5.7　视频闪白算法效果

而在抖音中，抖音效果有被动接受光源的处理，所以这种效果可以在手机端 OpenGL 绘制时添加光源，但本书只探讨 OpenCV 的实现。另外，也可以尝试用光源图片和视频中的某些帧混合，比如，一个黑底白色光斑的图片和原图进行混合会产生闪光的效果，这里做了下尝试，见程序 5-9。

程序 5-9　图像闪白效果测试 2：test-flicker2.py

```
01    # -*- coding: UTF-8 -*-
02    import cv2
03    import numpy as np
04    def main():
05        img = cv2.imread('1.jpg')
06        height,width,n=img.shape
07        mask=cv2.imread('mask.jpg')
08        mask=cv2.resize(mask, (width,height),   interpolation=cv2.
          INTER_CUBIC)
09        dst=cv2.addWeighted(img,0.6,mask,0.4,0)
10        cv2.imshow("demo", dst)
11        cv2.waitKey(0)
12    if __name__ == '__main__':
13        main()
```

最终的显示效果如图 5.8 所示。

让一个黑底有白色光斑的图像和原图叠加会出现亮的效果，但是跟抖音中闪现的很大光斑有差距，需要设计素材图片，这里只展示这种思路，请读者自行尝试。

图 5.8　图像闪白算法效果

5.4 抖音中的视频霓虹效果设计

上一节介绍了抖音中视频闪白效果的实现。本节将介绍另外一种效果——霓虹，还是以棋盘格的视频为参照，介绍霓虹效果的原理。

5.4.1 视频霓虹的原理

在抖音中上传棋盘格视频，然后选择霓虹特效，观察其对视频图像的影响，如图 5.9 所示。图像中出现了彩色的亮斑，随着视频的播放在图像的不同位置游走。

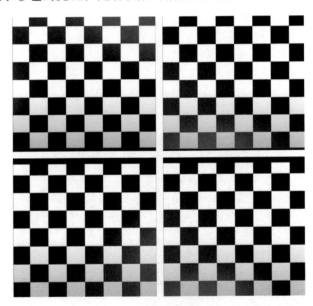

图 5.9 图像霓虹算法效果

算法设计思路如下：

（1）实时的光斑绘制。

（2）设计多幅素材图片，黑底上面有亮色的光斑，不同的图片中光斑的位置不同。

第 2 种思路跟上一节最后提到的算法相似，在这里就不尝试了。这一节尝试 OpenCV 图形绘制函数的实现效果。OpenCV 中集成了点、线、矩阵、圆形、椭圆等图形的绘制函数，函数中有参数设置，可以选择空心还是实心，线条的颜色及粗细都是可以选择的。

整个霓虹效果的实现算法设计思路如下：

加载视频，按照 1 帧为一个间隔，每个间隔中的图片在相同位置绘制彩色光斑，一共定义 4 种光斑位置，循环在视频中进行渲染，最后将处理完的视频保存并输出。

5.4.2　视频霓虹效果的程序实现

OpenCV 里自带的 circle() 函数可以绘制以一个点为圆心的特定半径的圆，其函数声明如下：

```
cv2.circle(img, center, radius, color[, thickness[, lineType[, shift]]]).
```

函数参数分别为输入的图像、绘制的圆心、半径、线条颜色和线条类型。

首先测试一下绘制的算法，见程序 5-10。

程序 5-10　图像霓虹效果测试：neon.py

```
01   # -*- coding: UTF-8 -*-
02   import cv2
03   import numpy as np
04   def main():
05     img = cv2.imread('1.jpg')
06     height,width,n=img.shape
07     h1=int(height*0.9)
08     w1=int(width*0.1)
09     cv2.circle(img, (w1, h1), 20 ,(114, 128, 250), -1)
10     cv2.circle(img, (w1+40, h1-40), 20, (106 ,106 ,255), -1)
11     cv2.circle(img, (w1+80, h1), 20, (114, 128, 250), -1)
12     cv2.circle(img, (w1 , h1-60), 20, (128, 128 ,240), -1)
13     cv2.imshow("demo", img)
14     cv2.waitKey(0)
15   if __name__ == '__main__':
16     main()
```

程序运行结果如图 5.10 所示。

在图像的边脚处绘制了 4 个圆形，因为 OpenCV 是均匀上色的，因此圆形很突兀。测试后发现在视频中运行结果并没有霓虹效果，主要还是因为绘制的图像过于死板，因此回到第一种方法，通过模板进行渲染。首先设计渲染的 4 种模板，位于图像有霓虹的亮斑处，如图 5.11 所示。

图 5.10　图像霓虹测试算法效果

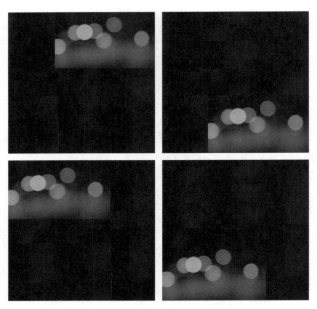

图 5.11　霓虹效果模板

调用之前的模板叠加代码，叠加系数设置为 0.6，得到的结果如图 5.12 所示。观察渲染效果，基本上符合霓虹效果。接下来就对它们进行集成。算法设计步骤如下：

加载视频，视频分成 4 段，每段为 1 帧，不同段的视频渲染不同的 Mask，每 4 帧图像作为一个循环，交替渲染，最后保存视频。

图 5.12　霓虹效果模板渲染效果

整体的算法集成参见程序 5-11。

程序 5-11　视频霓虹效果设计：video-neon.py

```
01   # -*- coding: UTF-8 -*-
02   import cv2
03   import numpy as np
04   def neon(img,cnt):
05       height, width, n = img.shape
06       mask=img
07       if cnt==1:
08         mask = cv2.imread('mask1.jpg')
09       elif cnt==2:
10         mask = cv2.imread('mask2.jpg')
11       elif cnt == 3:
12         mask = cv2.imread('mask3.jpg')
13       elif cnt == 4:
14         mask = cv2.imread('mask4.jpg')
15         mask = cv2.resize(mask, (width, height), interpolation=cv2.
           INTER_CUBIC)
16         dst = cv2.addWeighted(img, 0.7, mask, 0.3, 0)
17         return dst
18   def main():
19       vc = cv2.VideoCapture('sample.mp4')
20       c = 1
21       # 获得视频的帧率
22       fps = vc.get(cv2.CAP_PROP_FPS)
23       fourcc = cv2.VideoWriter_fourcc(*'MJPG')
24       video_writer = cv2.VideoWriter("img_neon.mp4", fourcc, fps, (640, 480))
25       while vc.isOpened():
26         rval, frame = vc.read()
27         cnt = c % 5
28         dst=neon(frame,cnt)
29         video_writer.write(dst)
30         c = c + 1
31         cv2.waitKey(1)
32       vc.release()
33   if __name__ == '__main__':
34       main()
```

程序运行后，可以看到霓虹灯随着视频的播放逐帧显示，完成了霓虹效果的设计。

注意：在移动端图像处理中，这种效果都是用 OpenGL 进行绘制的。OpenCV 并不适用于图形的绘制和渲染。在 OpenGL 中可以设置光源、材质和光感等。

5.5 抖音中的视频时光倒流效果设计

上一节介绍了抖音中的视频霓虹效果的实现。本节将介绍另外一种效果——时光倒流的设计。时光倒流是对相邻的视频帧进行处理。

5.5.1 视频时光倒流的原理

抖音中经常有时光倒流的视频，比如杯中的水倒流回来等，这些都是对视频帧进行重新排列得到的，在视频剪辑中被称为倒带效果。

设置第 20 ～ 60 帧之间进行时光倒流的效果，也就是从第 60 帧开始重复播放第 60 ～ 20 帧这 40 帧的图像，相当于整个视频中添加了 40 帧。算法设计步骤如下：

读取视频，将第 20 ～ 60 帧的图像按照编号 0 ～ 39 保存下来，然后按照图片名 39 至 0 将图片合并成一个新的视频。

5.5.2 视频时光倒流的程序实现

设计代码见程序 5-12。

程序 5-12　视频时光倒流效果设计：video- Timereflux.py

```
01  # -*- coding: UTF-8 -*-
02  import cv2
03  def main():
04      vc = cv2.VideoCapture('sample.mp4')
05      c = 1
06      # 获得视频的帧率
07      fps = vc.get(cv2.CAP_PROP_FPS)
08      fourcc = cv2.VideoWriter_fourcc(*'MJPG')
09      video_writer = cv2.VideoWriter("timereflux.mp4", fourcc, fps,
        (544, 720))
10      while vc.isOpened():
11          rval, frame = vc.read()
12          if c>=21 and c<=60:
13              cv2.imwrite('image/' + str(60-c) + '.jpg', frame)
14          c = c + 1
15          cv2.waitKey(1)
16      vc.release()
17      for i in range(0, 39):
18          img = cv2.imread('image/%d'.jpg % i)
19          video_writer.write(img)
```

```
20  if __name__ == '__main__':
21      main()
```

　　程序运行后会在程序目录下生成 image/，里面存储了第 20 ～ 60 帧的图像，图像按照视频播放的倒序排列，然后按正向顺序读取后就实现了时光倒流的效果。

5.6　抖音中的视频反复效果设计

　　上一节介绍了抖音中的视频时光倒流效果的实现。本节将介绍另外一种效果——视频反复。时光倒流和反复是对相邻的视频帧进行处理。

5.6.1　视频反复的原理

　　抖音中经常有反复动作的视频，比如从高处跳下，反复效果后会出现跳上跳下的反复动作配上 BMG，效果很有意思。

　　设置第 20 ～ 30 帧之间进行视频反复的效果，也就是从第 30 帧开始重复播放第 30 到 20 帧，然后再播放第 20 ～ 30 帧，这两种视频进行循环。算法设计步骤如下：

　　（1）读取视频，将第 20 ～ 30 帧的图像按照编号 0 ～ 19 保存下来，并保存成视频 video1。

　　（2）对第 0 ～ 19 进行视频倒带操作，保存成视频 video2。

　　（3）视频合并，按照 video1 → video2 → video1 → video2 的顺序循环将视频合并到一起。

5.6.2　视频反复的程序实现

　　按照设计的原理其代码实现见程序 5-13。

程序 5-13　视频反复效果设计：video- Repeatedly.py

```
01  # -*- coding: UTF-8 -*-
02  import cv2
03  def main():
04    vc = cv2.VideoCapture('sample.mp4')
05    c = 1
06    # 获得视频的帧率
07    fps = vc.get(cv2.CAP_PROP_FPS)
```

```
08        fourcc = cv2.VideoWriter_fourcc(*'MJPG')
09        video_writer = cv2.VideoWriter("Repeatedly.mp4", fourcc,
          fps, (544, 720))
10        video1 = cv2.VideoWriter("video1.mp4", fourcc, fps, (544, 720))
11        video2 = cv2.VideoWriter("video2.mp4", fourcc, fps, (544, 720))
12        while vc.isOpened():
13            rval, frame = vc.read()
14            if c>=21 and c<=30:
15                video1.write(frame)
16                cv2.imwrite('image/' + str(30-c) + '.jpg', frame)
17            c = c + 1
18            cv2.waitKey(1)
19        vc.release()
20        for i in range(0, 19):
21            img = cv2.imread('image/%d'.jpg % i)
22            video2.write(img)
23        vc1 = cv2.VideoCapture('video1.mp4')
24        vc2 = cv2.VideoCapture('video2.mp4')
25        while vc1.isOpened():
26            rval, frame = vc.read()
27            video_writer.write(frame)
28        vc1.release()
29        while v c2.isOpened():
30            rval, frame = vc.read()
31            video_writer.write(frame)
32        vc2.release()
33        while vc1.isOpened():
34            rval, frame = vc.read()
35            video_writer.write(frame)
36        vc1.release()
37        while vc2.isOpened():
38            rval, frame = vc.read()
39            video_writer.write(frame)
40        vc2.release()
41  if __name__ == '__main__':
42      main()
```

程序运行后，先生成两段视频 video1 和其倒叙的视频 video2，然后按照顺序实现视频反复的效果。

5.7　抖音中的视频慢动作效果设计

上一节介绍了抖音中的视频反复效果的实现过程。本节将介绍另外一种效果——慢动作，视频慢动作的特效是对相邻的视频帧进行处理。

5.7.1　视频慢动作的原理

抖音中经常有展示慢动作的视频，比如视频中的某些动作突然变缓，如同武侠电影里的慢动作特效。

设置第 20 ～ 40 帧之间进行视频慢动作的效果，也就是从第 20 帧开始将视频的帧率放慢。其算法设计步骤如下：

（1）读取视频，对视频计数，当计数到第 20 ～ 40 帧的时候，设置降低的 fps_slow=10，也就是每秒 10 帧视频图像，并保存到另外一个视频中，因此原视频被分成了 3 个视频，即第 0 ～ 20 帧、第 20 ～ 40 帧、第 40 之后。

（2）将 3 个视频组合起来。

5.7.2　视频慢动作的程序实现

按照设计的原理编写代码，如程序 5-14 所示。

程序 5-14　视频慢动作效果设计：video-slow.py

```
01  # -*- coding: UTF-8 -*-
02  import cv2
03  def main():
04    vc = cv2.VideoCapture('sample.mp4')
05    c = 1
06    fps_slow=10
07    fps = vc.get(cv2.CAP_PROP_FPS)
08    fourcc = cv2.VideoWriter_fourcc(*'MJPG')
09    video_writer = cv2.VideoWriter("timereflux.mp4", fourcc, fps, (544, 720))
10    video1 = cv2.VideoWriter("video1.mp4", fourcc, fps, (544, 720))
11    video2 = cv2.VideoWriter("video2.mp4", fourcc, fps_slow, (544, 720))
12    video3 = cv2.VideoWriter("video3.mp4", fourcc, fps, (544, 720))
13    while vc.isOpened():
14      rval, frame = vc.read()
15      if c <= 20:
16          video1.write(frame)
17      if c>=21 and c<=30:
18          video2.write(frame)
19      if c >30:
20          video3.write(frame)
21      c = c + 1
22      cv2.waitKey(1)
23    vc.release()
24    vc1 = cv2.VideoCapture('video1.mp4')
25    vc2 = cv2.VideoCapture('video2.mp4')
26    vc3 = cv2.VideoCapture('video3.mp4')
```

```
27    while vc1.isOpened():
28      rval, frame = vc.read()
29      video_writer.write(frame)
30    vc1.release()
31    while v c2.isOpened():
32    rval, frame = vc.read()
33    video_writer.write(frame)
34    vc2.release()
35    while vc3.isOpened():
36      rval, frame = vc.read()
37      video_writer.write(frame)
38    vc1.release()
39  if __name__ == '__main__':
40    main()
```

程序运行后会在程序目录下生成 3 个 video，其中，video2 的视频帧率被设置成 10。3 个视频重新组合后形成新的视频，其中第 20 ～ 30 帧的图像播放得很慢，实现了慢动作效果。

5.8 视频人物漫画风格滤镜设计

前面介绍了各种抖音中的视频效果实现。本节将把第 4 章中的效果集成进视频中，将普通的视频变换成动态的漫画效果。

原理很简单，就是逐帧处理视频图像即可。设计代码见程序 5-15 所示。

程序 5-15 视频人物漫画效果设计：video-cartoon.py

```
01  # -*- coding: UTF-8 -*-
02  import cv2
03  def retro_style(img_rgb):
04    img_color = img_rgb
05    img_gray = cv2.cvtColor(img_rgb, cv2.COLOR_RGB2GRAY)
06    img_blur = cv2.medianBlur(img_gray, 7)
07    img_edge = cv2.adaptiveThreshold(img_blur, 255,
        cv2.ADAPTIVE_THRESH_MEAN_C, cv2.THRESH_BINARY, blockSize
        =9, C=2)
08    img_edge = cv2.cvtColor(img_edge, cv2.COLOR_GRAY2RGB)
09    img_cartoon = cv2.bitwise_and(img_color, img_edge)
10    return img_cartoon
11  def main():
12    vc = cv2.VideoCapture('sample.mp4')
13    while vc.isOpened():
14      rval, frame = vc.read()
15      frame=retro_style(frame)
16      cv2.imshow("img", frame)
```

```
17          cv2.waitKey(0)
18          vc.release()
19    if __name__ == '__main__':
20        main()
```

程序运行后视频显示的每一帧都会呈现出漫画的效果，如图 5.13 所示。

图 5.13　视频人物漫画效果

5.9　本章小结

　　本章以大量的视频处理实例展示了视频的各种玩法，并根据抖音的一些视频特效设计算法来实现其效果，涉及的图像基本知识有基于 OpenCV 函数的视频捕获、存储，以及视频图像的提取、多视频合并、各种视频的帧间操作、图片叠加效果等。需要注意以下几点：

　　（1）通过本章的学习，读者主要掌握了视频图像处理的流程和基本思路，在 OpenCV 中把视频处理变成了图像处理，将视频的剪切和合并变成了图像排序。

　　（2）本章给出的解决算法设计均不是标准答案，读者可以通过其他的算法设计出不同的解决方案，这也是图像处理的魅力所在。

　　（3）本章中的代码还涉及 Python 读取文件的两种方法，程序设计完成某一功能通常有多种解决方案。

　　（4）本章中的视频特效只展示了简单的视频处理效果，而对于图像的所有处理效果都可以通过相应算法移植到视频中，读者可以尝试。

第 6 章
Triple Kill：基于机器学习的人脸识别

上一章介绍了各种好玩的应用开发，用到的知识都是基于传统图像处理技术的空间坐标系和色彩空间的一些变换。本章以人脸识别为例讲解如何使用机器学习算法解决人脸识别的问题。如图 6.1 所示为一幅人像图片的人脸识别检测结果。

图 6.1　人脸识别检测结果

本章将介绍机器学习算法的设计思路，详细地讲解如何利用机器学习解决人脸识别的问题。

本章涉及的知识点如下：
- 机器学习的基本概念；
- 图像预处理流程；
- 图像特征算子；
- 分类器；
- 机器学习模型训练和测试。

6.1　机器学习的基本概念

经常听到机器学习这个词，Machine Learning 很好地诠释了机器学习的概念，让机器去学习。为什么让机器去学习？学习什么？有什么作用？怎么使用机器学习获得的东西？什么时候该使用机器学习方法？

这就是本节要介绍的内容。

6.1.1　机器学习的目的

本节从一个具体任务出发来说明，比如说预测某个地方明天的是否会下雨，如图 6.2 所示。

图 6.2　判断晴天或者雨天

人类在面临这个问题的时候，传统的解决思路往往是寻找跟是否下雨相关的一些数据和征兆，比如谚语"朝霞不出门，晚霞行千里"，科学的解决思路是获取当地的空气湿度和云层密度等数据。那么如何确定什么样的空气湿度和云层密度能使得第二天下雨呢？

当然需要大量的科学计算。一般用概率论里面的知识来计算第二天下雨的概率，但是湿度和密度数据的复杂度非常高，所以只能做一个简化版本的计算模型。

输入：一段时间内，当地空气湿度、云层密度和晴雨天数据。

输出：下雨的概率。

方法：朴素贝叶斯算法。

过程：

（1）简化数据的输入。用 H 表示湿度，并且湿度分为 1、2、3 级，分别表示为 H_1、H_2、H_3；而云层密度用 G 表示，也分为 1、2、3 级，分别用 G_1、G_2、G_3 表示；天气用 W 表示，分为 1、2 两级，晴天和雨天分别表示为 W_1、W_2。

（2）贝叶斯算法计算概率。通过概率论的知识知道，求解第二天下雨的概率可表示为 $P(W_2|G, H)$。进行数学展开我们得到：

$$P=P(W_2|G,H)=[P(G|W_2)P(W_2)/P(G)]X[P(H|W_2)P(W_2)/P(H)]$$

为了求解上述式子，需要知道 $P(G|W_2)$ 和 $P(H|W_2)$，也就是雨天出现的时候，H 和 G 出现的概率。

（3）求解 $P(H|W_2)$ 和 $P(G|W_2)$，其中 H、G、W 为之前提到的分级值范围内的取值。这就需要用到之前的输入数据。通过以往的数据可以统计出现晴天或者雨天结果时（条件），H 和 G 出现的概率。

为了得到更加精确的输出结果，对于这个过程的求解就需要大量的数据统计。考虑到台风、季节等各种因素，需要至少 10 年的数据。对于人类而言这是一个很大的工作量。

而对于机器呢？只需要设定好计算方程，计算机就会自动统计和计算，一个普通的 32 位 2.0 的计算机每秒能够处理 80 亿字节的计算数据。所以人类就可以从高频大量的计算中解脱出来，只需要设定好计算逻辑，机器就会给出人类需要结果，这就是机器学习的魅力，也是现在日益增多的应用需求。

6.1.2 机器学习的内容

上面的例子需要机器做的是统计 10 年内某个地方出现雨天的时候空气湿度和云层密度的概率。

输入 10 年内当地的空气湿度、云层密度和晴雨天的数据作为机器学习的数据集，然后将数据集分成以下两部分：

- 特征矩阵（Feature Matrix），包含数据集中的所有向量（行），每个向量都是由依赖特征形成的。
- 响应向量（Response Vector），包含的是特征矩阵每一行的类变量（预测或者输出）值。在上述数据集中，类变量为是否下雨。

　　输入数据集并确定了之后，这个问题就转变成了一个二分类问题（下雨或者不下雨）。接下来挑选分类模型，使用贝叶斯算法计算出雨天的概率，因此挑选简单的贝叶斯分类器，在 Python 里面调用 Scikit-learn 机器学习库，然后调用其 bayes() 函数，输入特征矩阵和响应向量。

　　在上面的过程中，解释了机器学习学的是什么的问题。如图 6.3 所示，机器学习学习的是一个特征矩阵到响应向量的映射关系。

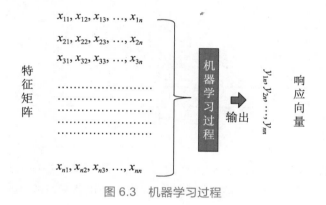

图 6.3　机器学习过程

6.1.3　机器学习的作用

　　在上述例子中，求解了一个特征矩阵到响应向量的映射关系。得到这个关系后，输入今天的空气湿度和云层厚度的数据，形成一个特征向量。然后调用 predict() 函数，就可以得到第二天是否下雨的预测值——下雨或者不下，还会输出准确率的得分，完成了整个例子的机器学习过程。

　　通过上一节的描述可以看出，机器学习是很简单的一件事，机器学习系统主要帮人们做两件事情，一件是分类，一件是回归。上面预测天气的问题属于回归的问题，最终得到一个固定的数值输出。回归一般应用于对房价的预测和对股价的预测等问题上；而情感判别、信用卡是否发放、输入的图片是猫还是狗、人脸识别等则属于分类问题。

　　在实际的应用中，输入一堆数据，人们需要根据专业知识和一些经验提取最能表达数据的特征，然后再用算法去建模，等有未知数据的时候，就能够预测到这个是属于哪个类别或者说预测到的是一个什么值，以便做出下一步决策。机器学习的整个流程就这几步，最重要的就是建模后的参数寻优。

接下来用代码示例来讲解机器学习如何解决一个分类问题。以开源的鸢尾花分类的iris 数据集作为输入。iris 数据集的中文名是安德森鸢尾花卉数据集，英文全称是 Anderson's Iris data set。它包含 150 个样本，是用来给花做分类的数据集，每个样本包含了萼片长度、萼片宽度、花瓣长度和花瓣宽度 4 个特征，放在前 4 列作为输入的特征矩阵。每一行的最后一个数据是类别信息，包括 3 种，即山鸢尾、变色鸢尾和维吉尼亚鸢尾。作为响应向量，iris 数据集是一个 150 行 5 列的二维表，见表 6-1。

表 6-1 iris 数据集

花萼长度	花萼宽度	花瓣长度	花瓣宽度	属　　种
5.1	3.5	1.4	0.2	*setosa*
4.9	3.0	1.4	0.2	*setosa*
4.7	3.2	1.3	0.2	*setosa*
4.6	3.1	1.5	0.2	*setosa*
5.0	3.6	1.4	0.2	*setosa*
5.4	3.9	1.7	0.4	*setosa*
4.6	3.4	1.4	0.3	*setosa*
5.0	3.4	1.5	0.2	*setosa*

Python 的机器学习库 scikit-learn 已经内置了 iris 数据集，提前通过 pip install scikit-learn 安装好该库。接下来以一个简单的例子来完成一个机器学习的分类问题。

因为程序中需要用到很多数学计算，调用 math 库中的函数时需要在函数前加上 math。首先写出哈哈镜拉伸放大效果的 Python 代码，见程序 6-1。

程序 6-1　机器学习的鸢尾花分类问题：ml_iris.py

```
01    # -*- coding: UTF-8 -*-
02    from sklearn.datasets import load_irisimport math
03    iris = load_iris()
04    # 读取数据和标签
05     X = iris.data
06     y = iris.target
07    from sklearn.model_selection import train_test_split
08    X_train, X_test, y_train, y_test = train_test_split(X, y,
      test_size=0.4, random_state=1)
09    from sklearn.naive_bayes import GaussianNB
10    gnb = GaussianNB()
11    gnb.fit(X_train, y_train)
12    y_pred = gnb.predict(X_test)
13    from sklearn import metrics
```

```
14        print("Gaussian Naïve Bayes model  accuracy(in %):", metrics.
          accuracy_score(y_test, y_pred)*100)
```

在以上程序中，代码分成了 6 个部分。

第 1 步，加载 iris 数据集，第 2 部分定义了特征矩阵 X 和响应向量 Y，其中 scikit-learn 中集成了自动把 X 和 Y 分别放在 iris 下的 data 和 target。

第 2 步，import sklearn model 下的 train_test_split 方法自动将数据集分成训练集和测试集。定义 test_size 为 0.4，因此 train 和 test 集分别为 0.6 和 0.4。一般都会让训练集比测试集更多一点，所以通常采用 0.7 和 0.3 或者 0.6 和 0.4 的组合。

第 3 步，采用高斯朴素贝叶斯 GaussianNB 建立简单的模型，调用过程只需要 import 相应的库就行了。现在的机器学习库已经集成了很多的机器学习方法，我们只需要搞清楚这些方法的原理和作用，学会利用已经集成好的函数即可。调用 fit() 方法，进行机器学习训练 train 数据集，训练的代码只需要一行，因此来看一下 fit() 方法中的定义。def fit(self, X, y, sample_weight=None)，X 表示特征向量，Y 为类标记，sample_weight 表示各样本权重数组。

第 4 步，用 test 数据集进行预测。机器学习训练出一个 model 之后，需要输入测试数据集来评价这个 model 在测试集上所表现的正确率。具体方法就是输入测试集中的特征矩阵 X_test 到训练的模型中，计算出一个 y_pred，然后对所有的 y_pred 计算精确度的分数，即为精确度的输出，如图 6.4 所示。

```
Gaussian Naive Bayes model accuracy(in %): 95.

Process finished with exit code 0
```

图 6.4　ml_iris.py 程序运行效果

从上述图像可以看出，本例训练出来的 model 在测试集上表现的准确率高达 95%。如果对分类的精确度要求更高的话，就需要采用数据增强或者更换模型等方式提高精确度。

6.1.4　如何使用机器学习获得的东西

上一节训练了一个 iris 数据集的分类 model，并通过测试集评价了这个 model 的准确率。但是测试集上的准确率并不代表在现实生活中测量的准确率。那么如何去使用这个训练好的模型呢？如图 6.5 所示，现实生活中的我们看到一株鸢尾花，在没有先验知识的情况下，如何判断它的类别呢？

首先，测量出萼片（Sepals）的长和宽、花瓣（Petals）的长和宽，得到一组 X_data，比如 5、3、1、0.2。在程序 6-1 后面再添加两行：

```
y_1 = gnb.predict([[5,3,1,0.2]]).
print (_1)
```

Predict 需要输入的是 array，因此需要一组数据，但是需要用到两个 [ ] 符号，结果打印出来为 [0]，说明上面的数据对应的鸢尾花是第一个分类。

图 6.5　一个鸢尾花的素材

从上面的过程可以看出，机器学习训练出来一个 model，其实就是一个映射关系，然后输入一个特征矩阵就可以对应输出一个响应向量，这就是机器学习的使用规则。

6.1.5　使用机器学习方法的时机

在判断是否要使用机器学习时，可以看看是不是在以下的场景中。

（1）人类不能很好地定义这个问题的解决方案是什么。比如，要预测世界杯中某几场比赛的结果，如图 6.6 所示。我们可以有很多种构想，然后设想影响世界杯比赛的各种因素，但是并不知道这些因素是否真的有用，于是把这些因素和历届世界杯比赛的结果输入机器中进行训练，不断地改变算法模型和输入的特征，直到测试集上表现的准确率足够高，再拿这个模型去真实世界中预测世界杯的比赛结果，等比赛结果出来后进行对比。

（2）人类不能做到的需要极度快速决策的系统，比如需要在城市中的大量视频监控影像中找到犯罪嫌疑人。在机器学习之前，需要人力去看每个地方的监控视频影像，即使发现了嫌疑人，也会因为耗费大量的时间而导致信息的延误而用机器学习训练出来的人脸识别系统则可以迅速地遍历所有的视频，找到跟犯罪嫌疑人相似度最高的人脸，迅速锁定嫌疑人的位置。

图 6.6　世界杯比赛预测

（3）大规模个性化服务系统。当我们打开网页或者进入电商平台的 App 内，会出现各种推荐的服务或产品，如图 6.7 所示。在某家电商平台单击搜索到的假发，接下来再打开 App，就会出现各种假发的推荐。这是基于之前搜索历史和浏览痕迹定制的推荐。对于每一个消费者，推荐内容是不一样的。

图 6.7　电商平台定制化推荐

6.1.6　总结机器学习的基本概念

接下来仔细归纳机器学习中提到的一些概念。一个机器学习通常应该包括的基本要素主要有以下 4 个：

- 训练数据（Input Data），包含特征矩阵 X 和响应向量 Y；
- 带参数的模型（Model）；
- 损失函数（Loss Function），是衡量模型优劣的一个指标；
- 训练算法（Training Algorithm），又叫优化函数，用于不断更新模型的参数来最小化损失函数，得到一个较好的模型。

1. 样本数据

样本数据就是输入数据（Input Data）和输出数据（Output Data）的集合。输出数据也可以叫一个更加专业的名字——标签（Label）。通常 x_i 和 y_i 都是高维矩阵向量，定义如下：

```
x=(x1,x2,x3,...,xi)
y=(y1,y2,y3,...,yi)
```

其中，x_i 表示第 i 个输入样本，比如第 i 个文字，第 i 张图片，x_i 可以是一维文字向量、二维图片矩阵、三维视频矩阵，或者更加高维的数据类型。以一维向量为例：

```
xi=(x1i,x2i,x3i,...,xni)
```

其中，x_{ni} 表示 x_i 数据的第 n 个元素的值，比如把图像展平之后第 n 个像素的灰度值等。

响应向量 Y，以最简单的二分类问题为例，y_i 就是一个 n 维的向量，里面的数据是 0和 1。

2. 数据集

完整的数据集包括 3 个数据集：训练数据集、验证数据集、测试数据集。可表示为：

```
T={(x1,y1),(x2,y2),(x2,y2),...,(xi,yi)}
```

对于一个学习机而言，不是所有的数据都用于训练学习模型，而是会被分为 3 个部分：训练数据、交叉验证数据、测试数据。

- 训练数据集（Training Data）：用于训练学习模型，输入模型中训练出最后的模型。
- 验证数据集（Validation Data）：用于衡量训练过程中模型的好坏，因为机器学习算法是通过不断迭代来慢慢优化模型，所以验证数据就可以用来监视模型训练时的性能变化。

- 测试数据集（Testing Data）：在模型训练好了之后，测试数据用于衡量最终模型的性能好坏。

一般三者的比例约是 70%、20%、10%，训练集必须占到总数据的一半以上。有时候我们只采用训练数据集和测试数据集进行验证。

3. 特征

在图像处理算法中，输入的一张照片有可能会有几百万个像素，这个数据量很大。在处理图像中，往往会通过对图像的一些数学运算提取一些信息来表示图像的某些特性，这种数据被称为特征。总而言之，图像的特征向量的作用主要有以下两个：

- 降低数据维度：通过提取特征向量，把原始图像数据的维度大大较低。
- 提高模型性能：一个好的特征，可以表征原始图像数据最关键的信息，提高模型的性能。

特征也是机器学习中常见的名词。

4. 模型

机器学习中提到的模型指的是设计的算法以及训练后的参数。前面提到贝叶斯分类器，其中有些是带参数的函数，是需要通过训练之后得到结果。因此，可以把这个案例中的贝叶斯分类器和训练后的参数总体叫作该机器学习的解决方案模型。一个好的学习机模型应该拥有出色的表达逼近能力、易编程实现及参数易训练等特性。

5. 损失函数

损失函数（Loss Function）是用来近似地衡量模型好坏的一个重要指标，表示特征向量训练结果和响应向量之间的差距。损失函数的值越大，说明模型预测误差越大，所以人们要做的是不断更新模型的参数，使得损失函数的值最小。以一个二分类为例，输出为 0 或者 1，损失函数 loss 可以表示如下：

```
if y=f(x),Loss(y,f(x))=0;
if y! =f(x),Loss(y,f(x))=1;
```

这个损失函数代表了预测对了损失为 0，预测错了就为 1。在机器学习训练时用的损失函数是所有训练样本数据的损失值之和。有了损失函数，模型的训练就变成了一个典型的优化问题，通过不断地更新模型参数使得损失函数最小。

6. 优化函数

模型的训练过程就是降低损失函数的过程，因此我们引入优化函数来寻找在参数空间损失函数的最优解。以经典的梯度下降法为例，这是一种非常常见的优化函数，为了理解梯度下降法，经常以下山来形象地讲述梯度下降法的基本思想。下山过程中找到当前位置下山角度最大的方向，然后朝着这个方向走，就可以以最短的时间到达山底。

梯度下降法经常会陷入局部最优点，因此设计一个好的优化函数不仅需要让损失函数拥有更快的收敛速度，也需要拥有找到全局最优解的能力，以避免局部最优。

7. 模型的泛化能力、欠拟合和过拟合

泛化能力（Generalization Ability）是指训练出的机器学习模型在实际应用中处理各种情况的能力及表征模型处理未知数据的准确率，这个是模型的一个重要衡量指标。

欠拟合（Underfitting）是指模型复杂度太低，使得模型能表达的泛化能力不够，对测试样本和训练样本都没有很好的预测性能。欠拟合时，模型在训练集和测试集上都有很大的误差。

防止欠拟合的方法：不要选用过于简单的模型。

过拟合（Overfitting）是指模型复杂度太高，使得模型对训练样本有很好的预测性能，但是对测试样本的预测性能很差，最终导致泛化能力也不行。当训练数据量很少时，容易发生过拟合，因为训练模型会拟合这些少量数据点，而这些数据点往往不能代表数据的总体趋势，导致模型的泛化能力很差。

防止过拟合的方法：不选用过于复杂的模型、增加数据集和正则化等。

8. 分类和回归

分类：输入新样本特征，输出类别。常见模型有 Logistic 回归、softmax 回归、因子分解机、支持向量机、决策树、随机森林和 BP 神经网络等。

回归：输入新样本特征，输出预测值。常见模型有线性回归、岭回归、Lasso 回归和 CART 树回归等。

9. 偏差和方差

偏差：描述的是预测值（估计值）与真实值之间的差距。偏差越大，越偏离真实数据。高偏差对应的是欠拟合。高偏差时，模型在训练集和测试机上都有很大的误差。

方差：描述的是预测值的变化范围及离散程度，也就是离其期望值的距离。方差越大，数据的分布越分散。高方差对应的是过拟合。高方差时，模型在训练集上的误差很小，但是在测试集上的误差很大。

如果模型在训练集上的误差很大，且在测试集上的误差要更是大得多，那么该模型同时有着高偏差和高方差。

10. 监督学习和无监督学习

监督学习：训练集中的每个样本既有特征向量 x，也有标签 y。根据样本的 y 来对模型进行"监督"，调整模型的参数。监督学习对应的是分类算法和回归算法。

无监督学习：训练集中的每个样本只有特征向量 x，没有标签 y。根据样本之间的相似程度和聚集分布来对样本进行聚类。无监督学习对应的是聚类算法。

11. 分类和聚类

分类：事先定义好了类别，类别数不变。当训练好分类器后，输入一个样本，输出所属的分类。分类模型是有监督。

聚类：事先没有定义类别标签，需要根据某种规则（比如距离近的属于一类）将数据样本分为多个类，也就是找出所谓的隐含类别标签。聚类模型是无监督的。

12. 归一化与标准化

在机器学习中，经常需要进行归一化和标准化操作。

归一化方法：把数线性映射到（0,1）之间，主要是为了数据处理的方便，对输入变量 x 进行归一化公式：

$$(x\text{-}min(x))/(max(x)\text{-}min(x))$$

标准化方法：将数据按比例缩放，使之落入一个较小的特定区间。输入变量 x 的标准化公式：

$$(x\text{-}mean(x))/std(x)$$

其中，$mean(x)$ 代表样本均值，$std(x)$ 代表样本标准差。

13. 协方差

协方差表示两个变量在变化过程中变化趋势的相似程度，或者说是相关程度。协方差计算公式如下：

$$Cov(X,Y)=E[(X\text{-}\mu x)(Y\text{-}\mu y)]$$

当 X 增大时，Y 也增大，说明两变量是同向变化的，这时协方差 >0；当 X 增大时，Y 减小，说明两个变量是反向变化的，协方差 <0。协方差越大，说明 X、Y 同向程度越高；协方差越小，说明 X、Y 反向程度越高。

14. 相关系数

相关系数表示两个变量在变化过程中变化的相似程度。相关系数计算中进行了归一化，剔除了变化幅度数值大小的影响，仅单纯反映了每单位变化时的相似程度，因此相关系数就是协方差分别除以 X 和 Y 的标准差。公式如下：

$$\rho=Cov(X,Y)\,\sigma X\,\sigma Y$$

当相关系数为 1 时，两个变量正向相似度最大，即 X 变大一倍，Y 也变大一倍；当相关系数为 0 时，两个变量的变化过程完全没有相似度；当相关系数为 -1 时，两个变量的负向相似度最大，即 X 增大一倍，Y 缩小一倍。

15. 模型的误差、偏差和方差

模型误差（Error）反映的是整个模型的准确度。模型偏差（Bias）反映的是模型在样本上的输出与真实值之间的误差，即模型本身的精准度。模型方差（Variance）反映的是模型每一次输出结果与模型输出期望之间的误差，即模型的稳定性。

三者之间的关系可以由以下公式来表示：

$$Error\textasciicircum2=Bias\textasciicircum2+Variance$$

6.2 机器学习中的图像预处理流程

在上一节的例子中，鸢尾花的分类问题输入的也是测量后的数据而不是鸢尾花的图像。如果要设计一个端到端的系统，应该怎么做呢？图像处理是机器学习的重要部分，本节将介绍机器学习在图像问题中的常见预处理流程。

6.2.1 一个经典的机器学习图像处理实例

现在需要做一个人脸识别验证系统，负责权限管理，如图 6.8 所示。如果是系统中的人，则有权限，否则没有权限，会报警。怎么去实现这个系统呢？给到我们的数据是一堆人脸的照片，第一步要做的事情是对数据进行预处理，然后是提取人脸特征，最后选择算法，比如说 SVM 或者 RF 等。这样就建立了一个人脸识别的模型，当系统输入一张人脸时，我们就能够知道它是不是在系统之中。这是一个模型的使用过程，那么如何建立一个人脸识别的机器学习 Model 呢？接下来将具体描述。

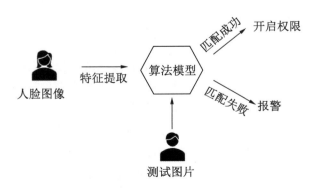

图 6.8　人脸识别验证系统示意图

6.2.2　人脸识别机器学习 Model 训练思路

上面的例子涉及下面两个过程：

一个是人脸检测，即检测输入视频或者图像中的人脸区域并用矩形框标记出来。这个属于二分类问题，即区分是人脸还是不是人脸。需要准备一个正样本和一个负样本，正样本中放置的是人脸图像，负样本中无人脸图像。具体流程见图 6.9。

另一个是人脸识别，把上一阶段检测处理得到的人脸图像与数据库中的已知人脸进行比对，判定人脸对应的人是谁。具体思路是把系统中有权限的每个人以不同姿态输入几十张图片，然后总体打包进行训练。这个属于多分类的问题。

第一，现在业界已经有了非常高的准确率；第二，提高单个人脸的识别率还在不断优化中，本节先阐述第一个过程的实现思路。

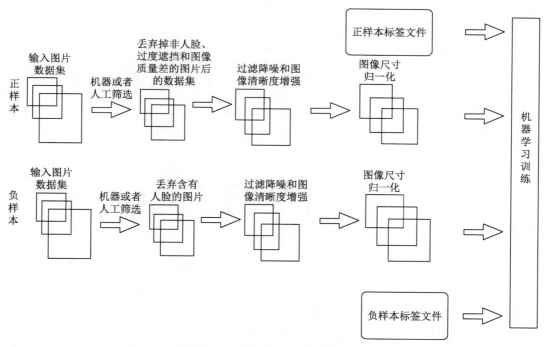

图 6.9　人脸识别 Model 训练思路

需要同时准备正、负样本。接下来具体讲述对正负样本的处理。

6.2.3　正样本图像预处理

在上节的例子中可以看到，对于输入的人脸图像需要提取图像特征，其他几乎所有的图像处理都会有预处理流程。这是因为对于输入的图像数据，会有图像模糊、曝光、尺寸不一致等问题。在机器学习中，需要使输入的图像大小尺寸一致，并且模糊曝光过度，甚至是错误的图片对结果的影响非常大，错误的图片比如在人脸的图像中混入一张猫的图片或者其他非人脸的图片。

如图 6.10 所示为一个人脸识别验证系统的图像预处理流程示意图。首先，输入图像数据集。

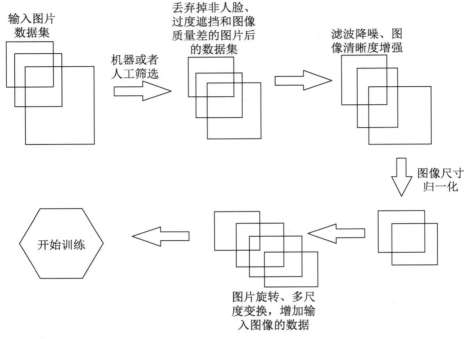

图 6.10　人脸图像预处理过程

（1）人工筛除非人脸或者那种被完全遮挡的人脸，如图 6.11 所示。回顾一下机器学习的主要思想：先让计算机去学习输入数据的内在联系，然后在测试数据中寻找相似度最高的。如果数据集里面有大量的遮挡脸的照片，这对于机器而言找不到与其他人脸图像的相似性，因此会降低 Model 的准确率。上述过程需要人工干预。另外，图像质量很差的情况也很类似，因为质量太差，能够提取到的相关性很小，所以不建议出现大量图像质量很差的图像。如图 6.12 所示，图片中人脸很模糊，特征明显，整张图片的模糊度较高，一般不建议大规模采用这种图片。这种情况可以通过一些简单的程序来判断，比如编写一个图像 Quality 检测程序筛选图片，减少人工干预，降低成本。

图 6.11　人脸高度遮挡的情况

图 6.12　图像质量很差的图片

（2）输入图像滤波降噪，对图像细节进行增强。输入的图像如果清晰度比较高，可以获取更多有用的人脸特征。降低噪声的干扰信息，主要是针对一些噪声比较多的图片，如图 6.13 所示。对于这种图片，在预处理中添加简单的过滤器就可以解决问题，滤波降噪后结果如图 6.14 所示。完成代码见程序 6-2。

图 6.13　充满噪点的图像

程序 6-2　图像降噪的简单实现：denoise.py

```
01    # -*- coding: UTF-8 -*-
02    import cv2
03    import numpy as np
04    def main():
05        img = cv2.imread("9.jpg")
06        img3 = cv2.medianBlur(img, 3)
07        cv2.imshow("img3", img3)
08        cv2.waitKey(0)
09    if __name__ == '__main__':
10        main()
```

图 6.14　滤波降噪后的图像

　　图像增强中滤波计算就是对图像做一个均值处理，去掉噪声后的图像会呈现比较模糊的状态，这时候可以尝试采用图像增强操作。对于比较模糊的图像采用图像增强操作，也可以调高图像的质量。

　　Python 的 PIL 模块中有一个叫 ImageEnhance 的类，该类专门用于图像的增强处理，不仅可以增强（或减弱）图像的亮度、对比度和色度，还可以用于增强图像的锐度。因此可以非常简单地实现图像增强操作。这里把图 6.15 作为输入图像，测试图像增强的效果，见程序 6-3。

程序 6-3　图像增强：img_enhance.py

```
01   # -*- coding: UTF-8 -*-
02   from PIL import Image
03   from PIL import ImageEnhance
04   image = Image.open('10.jpg')
     # 亮度增强
05   enh_bri = ImageEnhance.Brightness(image)
06   brightness = 1.3
07   image_brightened = enh_bri.enhance(brightness)
```

```
08    image_brightened.show()
      # 色度增强
09    enh_col = ImageEnhance.Color(image)
10    color = 1.5
11    image_colored = enh_col.enhance(color)
12    image_colored.show()
      # 对比度增强
13    enh_con = ImageEnhance.Contrast(image)
14    contrast = 1.5
15    image_contrasted = enh_con.enhance(contrast)
16    image_contrasted.show()
      # 锐度增强
17    enh_sha = ImageEnhance.Sharpness(image)
18    sharpness = 3.0
19    image_sharped = enh_sha.enhance(sharpness)
20    image_sharped.show()
```

上述代码展示了以下 4 种图像增强方式。

亮度增强，用 ImageEnhance.Brightness 函数实现，通过输入的参数来自动调节图像的亮度。亮度代表了图像的明暗程度，当数值为 1 时，表示亮度不变，数值增加的比例表示增加的亮度比例，显示结果如图 6.15 所示。适当增加图像亮度会使得图像在视觉上更加清晰，但是过度增加亮度会丢失图像的一些细节信息。

图 6.15　亮度增强的图像

色度增强，用 ImageEnhance.Color() 函数实现，通过输入的参数自动调节图像的色度。色度代表了图像色彩的丰富和饱和程度，当数值为 1 时，表示色度不变，数值增加的比例表示增加的色度比例，显示结果如图 6.16 所示。图像色度的适当增加会使得图像在视觉上的色彩更加饱和。

图 6.16　色度增强的图像

对比度增强，使用 ImageEnhance.Contrast() 函数实现，通过输入的参数来自动调节图像的对比度。对比度代表了图像不同像素之间的差距。在第 4 章中，我们测试了直方图均衡化来提高图像的对比度，当数值为 1 时，表示对比度不变，数值增加的比例表示增加的对比度比例。显示结果如图 6.17 所示。对比度增加后，图像的细节特征更加明显，图像的质量有了显著提高。

图 6.17　对比度增强的图像

锐度增强，用 ImageEnhance.Sharpness 函数实现，通过输入的参数来自动调节图像的锐度。它是反映图像平面清晰度和图像边缘锐利程度的一个指标，是比对比度更加敏感的一个指标。相较于对比度值所提高的图像清晰度，锐度值的增加使得画面上人脸的皱纹和斑点更清楚，也使得脸部肌肉的鼓起或凹下表现得更真实，显示结果如图 6.18 所示。锐度增强后，图像显得更加真实，更接近于真实世界的图像输入。

图 6.18　锐度增强的图像

通过上述图像滤波和 4 种图像增强算法，可以设计一个端到端的图像预处理算法。简单的滤波加上图像的锐度增强，就可以得到一个提高图像质量的输入了。需要注意的是，在机器学习的图像预处理中，不需要像传统的图像处理那样追求非常高的图像质量。因为在实际的检测现场中，可能会遇到各种质量的图像输入，我们可以在图像测试中也集成这一图像预处理的模块。

（3）输入图像尺寸归一化批量处理。首先，对图像中的人脸进行裁剪，保证一张图中只有人脸图像的输入，如图 6.19 所示，剪裁的范围是人脸的最小区域。其次，图像的尺寸要做一个权衡。简单来说，图像尺寸越小，训练和处理的速度就越快，但是图像尺寸过小会丢失大量的人脸细节信息。模型的识别率是一个很不好的因素，一般的人脸识别模型的图像尺寸输入可以是 32×32、64×64 或者 128×128。如果需要更多关于人脸细节上的输出，比如人眼睛的位置等，就需要更大尺寸的图像输入。在实验中的同等情况下，可以尝试设置不同的图像尺寸。程序非常简单，可以通过之前提到的 resize() 函数来设置图像大小。但是剪裁完需要再检查一下图像的质量，如果之前输入的图像长宽比太大，在 resize() 后图像中的人脸会出现一些变形。

另外，输入的图像要不要变成灰度图像也是一个问题，为了增加计算的速度，有时候只关注图像的纹理特性，往往将图像处理成灰度图像统一输入。对于本例中的人脸识别项目，也可以灰度化处理，其对结果的影响可以测试。

（4）对输入图像通过旋转，多尺度变化和增加图片的数量进行操作，这是图像样本不足的时候所采用的方法，有时候也是为了提高模型的泛化能力，这个过程调用第 3 章介绍过的函数就可以解决这个问题。

（5）建立一个正样本图片文件 pos_image，然后将裁剪后归一化的正样本图片全部存储进去。

图 6.19　图像人脸区域裁剪

（6）建立正样本的标签。新建一个 pos_image.txt 文件，然后将正样本的存储路径和图像的顶点坐标存储进去，如图 6.20 所示。

```
                                              pos_image
  0        2        4        6        8         10
pos_image/001_01_01_130_05_01.jpg 1 0 0 24 24
pos_image/001_01_01_130_05_02.jpg 1 0 0 24 24
pos_image/001_01_01_130_05_03.jpg 1 0 0 24 24
pos_image/001_01_01_130_05_04.jpg 1 0 0 24 24
pos_image/001_01_01_130_05_05.jpg 1 0 0 24 24
pos_image/001_01_01_130_05_06.jpg 1 0 0 24 24
pos_image/001_01_01_130_05_07.jpg 1 0 0 24 24
pos_image/001_01_01_130_05_08.jpg 1 0 0 24 24
pos_image/001_01_01_130_05_09.jpg 1 0 0 24 24
pos_image/001_01_01_131_05_01.jpg 1 0 0 24 24
pos_image/001_01_01_131_05_02.jpg 1 0 0 24 24
pos_image/001_01_01_131_05_03.jpg 1 0 0 24 24
pos_image/001_01_01_131_05_04.jpg 1 0 0 24 24
pos_image/001_01_01_131_05_05.jpg 1 0 0 24 24
pos_image/001_01_01_131_05_06.jpg 1 0 0 24 24
pos_image/001_01_01_131_05_07.jpg 1 0 0 24 24
```

图 6.20　正样本标签文件

6.2.4　负样本图像预处理

负样本的要求是所有的图片中不存在人脸区域。其实在训练中可以使用剪切后去掉人脸的图像或者网上搜索一些非人脸的图像。需要注意的是，一定要进行筛选，保证每一张图片中都不包含人脸信息，最后将图片归一化到跟正样本一样的尺寸，统一放置在neg-image 文件夹下面，如图 6.21 所示。

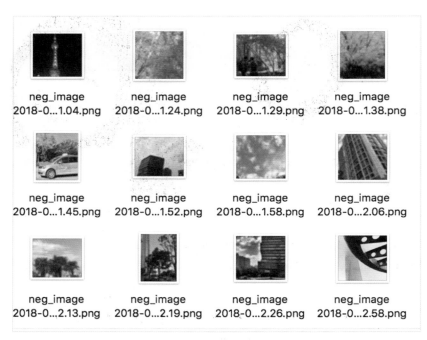

图 6.21　负样本图片集

接下来，新建 neg_image.txt 文件存储负样本的标签。负样本的标签不必输入坐标信息，只需要写入文件的路径和文件名即可，如图 6.22 所示。

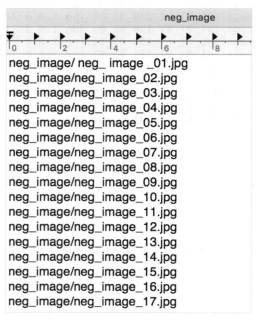

图 6.22　负样本标签

6.3　人脸检测机器学习算法设计

人脸检测就是在输入的图像中用矩形框标记人脸位置的过程。它属于目标检测的范畴，主要涉及以下两个方面：

（1）对待检测的目标对象进行特征提取，统计检测对象的一些公共特征，建立起目标检测模型。

（2）用得到的模型来匹配输入的图像，如果有匹配则输出匹配的区域（矩形框），否则不做任何行为。

机器如何去判断一张人脸呢？

在计算机的眼里，图像是一个个二维矩阵，矩阵里面存储的是像素值，也就是一个个数字。如何从这些数字中得出"这是一个人脸"的结论呢？我们需要建立人脸的特征描述，告诉计算机满足这个特征模型的区域就是人脸。

6.3.1　图像特征

所谓的图像特征就如同一个人有高、矮、胖、瘦等特征一样，图像具有纹理、色彩、形状、空间等特征。一张图像包含的信息太多了，对于计算机而言，需要建立一个能够代表这幅图像用于相关特性的数学描述，因此就有了提取图像特征的概念。

在人脸识别中，主要应用以下 3 种图像特征。

1. HOG 特征

方向梯度直方图（Histogram of Oriented Gradient, HOG）特征是一种在计算机视觉和图像处理中用来进行物体检测的特征描述子。它通过计算和统计图像局部区域的梯度方向直方图来构成特征。其实现方法如下：

首先将图像分成小的连通区域，我们把它叫细胞单元。然后采集细胞单元中各像素点的梯度或边缘方向的直方图。最后把这些直方图组合起来就可以构成 HOG 特征描述器。

详细实现过程参考论文：Dalal N, Triggs B. Histograms of oriented gradients for human detection[C]//Computer Vision and Pattern Recognition, 2006. CVPR 2006. IEEE Computer Society Conference on. IEEE, 2005, 1: 886-893.(2016:Google Citation: 14046)。整个过程如图 6.23 所示。

（1）图像归一化处理。为了减少光照因素的影响，需要将整个图像进行归一化处理。选取的是 Gamma 压缩算法，因为光照对图像局部的表层影响最大，对输入的灰度图像进行 Gamma 压缩，Gamma 的大小小于 1。Gamma 压缩公式如下：

$$I(x, y)=I(x, y)^{Gamma}$$

（2）计算图像梯度。计算图像横坐标和纵坐标方向的梯度，并据此计算每个像素位置的梯度方向值。首先用 [–1,0,1] 梯度算子对图像做卷积运算，得到 x 方向的梯度分量 gradx，然后用 $[1,0,–1]^T$ 梯度算子对图像做卷积运算，得到 y 方向的梯度分量 grady。然后根据下面的公式计算该像素点的梯度大小和方向。

$$T(x, y)=\arctan(grady/gradx)$$

（3）将图像分割成 cell，每个 cell 构建梯度方向的直方图。将图像分成若干个 cell，例如分割后的每个 cell 为 6×6 个像素，采用 9 个 bin 的直方图来统计这 6×6 个像素的梯度信息。统计方法是对 cell 内每个像素的梯度方向在直方图中进行加权投影，就可以得到这个 cell 梯度方向的直方图了，这也构成了每个 cell 对应的 9 维特征向量。图像分割了 N 个 cell，那么就建立了图像的 HOG 特征描述。

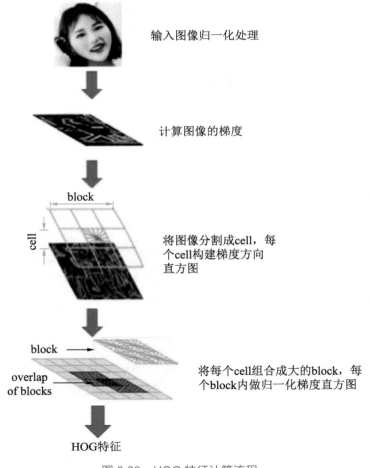

图 6.23　HOG 特征计算流程

（4）把 cell 组合成大的 block，每个 block 内做归一化梯度直方图。之前已经得到了图像的 9N 个特征描述。那么可不可以直接拿来用呢？答案是否定的。因为整张图像上局部光照的变化及前景与背景对比度的变化有时候会很强烈，使得梯度强度的变化范围非常大。所以每个 cell 的局部特征会对光照特别敏感，这是我们不想看到的。

解决思路：把各个 cell 组合成大的且空间上连通的区间（blocks），并将一个 block 内所有 cell 的特征向量串联起来便得到该 block 的特征集。所有 block 连起来的归一化描述符被称为 HOG 特征描述符。

优点：由于 HOG 是在图像的局部方格单元上进行操作，所以它对图像的几何和光学形变都能保持很好的不变性，这两种形变只会出现在更大的空间领域上。在粗的空域抽样和精细的方向抽样，以及在较强的局部光学归一化等条件下，只要行人大体上能够保持直立姿势，就容许他们有一些细微的肢体动作，这些细微的动作可以被忽略而不影响检测效果，因此 HOG 特征特别适合做图像中的人体检测。

2. LBP 特征

局部二值模式（Local Binary Pattern，LBP）是一种用来描述图像局部纹理特征的算子。LBP 特征的描述引自：Ojala, T., Pietikäinen, M. and Harwood, D. (1994) Performance evaluation of texture measures with classification based on Kullback discrimination of distributions. Proceedings of the 12th IAPR International Conference on Pattern Recognition (ICPR 1994), 1, pp. 582-585.

根据论文里面的定义，LBP 特征的计算流程如图 6.24 所示。

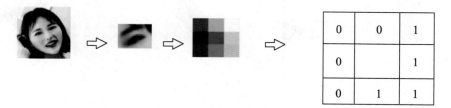

图 6.24　LBP 特征的计算流程

（1）将检测窗口划分为 16×16 个 cell。

（2）对于每个 cell 中的一个像素，将相邻的 8 个像素的灰度值与其进行比较，若周围的像素值大于中心的像素值，则该像素点的位置被标记为 1，否则标记为 0。这样，3×3 邻域内的 8 个点经比较可产生 8 位二进制数，即得到了该窗口中心像素点的 LBP 值。

（3）计算每个 cell 的直方图，即每个数字出现的频率，然后对该直方图进行归一化处理。

（4）将得到的每个 cell 的统计直方图进行连接，成为一个特征向量，也就是整幅图的 LBP 特征描述。

3. Haar-like 特征

最早期的 Haar-like 特征模板的依据是 Viola 发表的人脸检测论文" Rapid Object Detection using a Boosted Cascade of Simple Features "和另一篇由 Viola 与 Jones 两人联合发表的 " Robust Real-Time Face Detection "文章。

如图 6.25 所示，Haar-like 特征分为 3 类：边缘特征、线性特征和对角线特征。3 种类型的特征组合成最早期的 Haar-like 特征模板。特征模板内有白色和黑色两种矩形，并定义了该模板的特征值为白色矩形像素和减去黑色矩形像素的和。其中，A、C 是边缘特征模板，B 为线性特征模板，D 为对角特征模板。

图 6.25　Haar-like 特征模板

早期的 Haar-like 特征相对比较简单。接下来，Rainer Lienhart 和 Jochen Maydt 两位在之前发表了的论文基础上发表了就论文" An Extended Set of Haar-like Features for Rapid Object Detection "，改进了 Haar-like 的特征。Haar-like 特征分为 3 类：边缘特征、线性特征和中心特征。如图 6.26 所示为边缘特征；如图 6.27 所示为线性特征；如图 6.28 所示为中心特征。

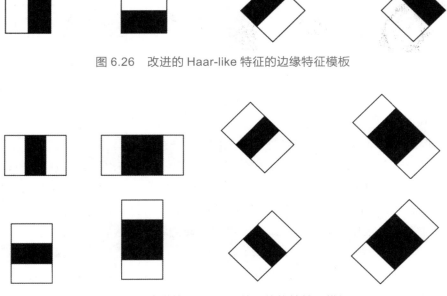

图 6.26　改进的 Haar-like 特征的边缘特征模板

图 6.27　改进的 Haar-like 特征的线性特征模板

图 6.28　改进的 Haar-like 特征的中心特征模板

Harr-like 特征的计算方法如下：

用上述图片中的特征模板在图片中滑动。比如图 6.27 中第一个边缘特征的模板 a 是 2×1 个像素，定义 a 在 24×24 的图片子窗口中滑动。每滑动一次会有一个值，则可产生 23x24 个值，也就是 Harr 特征值。同理，其他模板都可以产生若干个 Harr 特征值。将它们组成一个向量，就是 Harr-like 特征向量。

人脸识别解决方案中的特征选取：在人脸识别算法中需要提取大量的人脸特征，Harr-like 特征包含了 3 个图像特征类——边缘特征、线性特征、中心和对角特征，能够最大程度地保留人脸图像的信息，是人脸识别中最常用的特征，也是 OpenCV 人脸识别算法解决方案才有的特征。

6.3.2　Harr-like 特征求值加速算法

前面几节介绍了 Haar-like 特征的原理和提取过程，我们需要通过排列组合穷举所有的特征。根据 Rainer Lienhart 提出的计算 Haar-like 特征个数的公式为：

$$XY(W+1-w \times (X+1)/2) \times (H+1-h \times (Y+1)/2)$$

其中，W、H 分别代表图片的宽和高，w、h 代表特征矩阵的大小。不同窗口大小的特征数量见表 6-2 所示。

表 6-2　不同窗口尺寸下的特征数量

窗口大小	16×16	24×24	30×30	36×36
特征数量	32 384	162 336	394 725	816 264

在一个 24×24 大小的窗口中任意排列产生数以 16 万计的特征，对这些特征求值的计算量是非常大的。因此需要设计一种遍历图像计算特征的方法，这就引入了积分图（Summed Area Table）。积分图就是只遍历一次图像就可以求出图像中所有区域像素和的快速算法，大大地提高了图像特征值的计算效率。

积分图主要的思想是只遍历一次图像得到一个积分图，之后任何一个 Haar-like 矩形特征都可以通过查表的方法和有限次的简单运算而得到，大大地减少了运算次数。原图

像 $f(I, j)$ 经过积分图计算后得到相同大小的图像 ii，ii 中 (i, j) 处的值 $ii(i, j)$ 是原图像 (i, j) 位置左上角方向所有像素的和，公式如下：

$$ii(i, j)=\sum f(i, j)，k<=i, l<=j$$

积分图计算 Haar-like 特征的过程如下：

（1）用 $s(i, j)$ 表示行方向的累加和，初始化 $s(i, -1)=0$。

（2）用 $ii(i, j)$ 表示一个积分图像，初始化 $ii(-1, i)=0$。

（3）逐行扫描图像，递归计算每个像素 (i, j) 行方向的累加和 $s(i, j)$ 和积分图像 $ii(i, j)$ 的值。

$$s(i, j)=s(i, j-1)+f(i, j)$$
$$ii(i, j)=ii(i-1, j)+s(i, j)$$

（4）扫描一遍图像，当到达图像右下角的像素时，积分图像 ii 就构造好了。

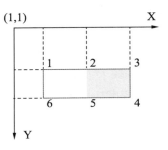

图 6.29 矩阵像素累加示意图

积分图构造好之后，图像中任何矩阵区域的像素累加和都可以通过简单运算得到，如图 6.29 所示。

红色矩形为 Harr-like 的一个特征模板，那么特征模板中的矩形的白色区域的像素和如下：

$$white=B(5)+B(1)-B(2)-B(6)$$

矩形中黑色区域的像素和如下：

$$balck=B(4)+B(2)-B(3)-B(5)$$

二者相减即可得模板区域的特征值：

$$value=|white-balck|$$

6.3.3 图像分类器

分类器是指根据不同规则对输入的数据进行分类的算法模型。人们经常会提到强分类器和弱分类器，弱和强表征的是分类器处理问题的能力，可以将一系列弱分类器集合起来形成一个强分类器。比如，Adaboost 迭代算法，其核心思想是针对同一个训练集训练不同的分类器（弱分类器），然后把这些弱分类器集合起来构成一个更强的最终分类器（强分类器）。

OpenCV 在物体检测上使用的是 Haar-like 特征的级联表，这个级联表中包含的是 boost 的分类器。人们采用样本的 Haar-like 特征进行分类器的训练，从而得到一个级联的 boost 分类器。下面从一个 Haar 弱分类器出发来解析图像分类器的原理。

1．Haar 弱分类器

最简单的分类器就是一个对 0 和 1 进行判断的分类器，如果满足某个条件即为 1，否则为 0。建立一个只有一个 Haar-like 特征输入特征的分类器，如图 6.30 所示。通过比较输入图片的特征值和弱分类器的特征决定判断的输出，所以需要一个阈值，当输入图片的特征值大于该阈值时才判定其为人脸。最优弱分类器训练的过程实际上就是在寻找合适的分类器阈值，使该分类器对所有样本的判读误差最低。

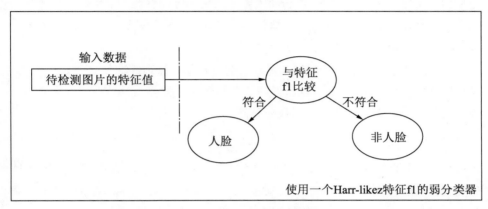

图 6.30　一个 Haar-like 特征的弱分类器

具体操作过程如下：

（1）对于每个 Harr-like 特征 f，计算所有训练样本的特征值，并将其排序，形成一个排序的表。

扫描一遍排好序的特征值，对排好序的表中的每个元素，计算如图 6.31 所示的 4 个值。

全部人脸样本的权重之和t_1	此元素之前的人脸样本的权重之和s_1
全部非人脸样本的权重之和t_0	此元素之前的非人脸样本的权重之和s_0

图 6.31　弱分类器排序的 4 个特征

（2）根据下面的公式最终求得每个元素的分类误差 r。

$$r=\min((s_1+(t_0-s_0)), (s_0+(t_1-s_1)))$$

然后寻找排序表中 r 值最小的元素，则该元素作为最优阈值。

2．由弱分类器构造一个强分类器

弱分类只能解决很简单的问题。对于人脸这种信息很多的问题，一个弱分类器是完全不够的。之前提到弱分类器的组合可以得到一个强分类器，具体过程相当于让所有弱分类器进行投票，再对投票结果按照弱分类器的错误率加权求和，将投票加权求和的结果与平均投票结果比较得出最终的结果，这就构成了一个强分类器。

因此，一个强分类器的诞生需要 T 轮的迭代，具体操作如下：

（1）给定训练样本集 S，共 N 个样本，其中 X 和 Y 分别对应于正样本和负样本，T 为训练的最大循环次数。

（2）初始化样本权重为 $1/N$，即为训练样本的初始概率分布。

（3）第一次迭代训练 N 个样本，得到第一个最优弱分类器。

（4）提高上一轮中被误判的样本权重。

（5）将新的样本和上次分错的样本放在一起进行新一轮训练。

（6）循环执行步骤 4 ~ 5，T 轮后得到 T 个最优弱分类器。

（7）组合 T 个最优弱分类器得到强分类器。

3. 强分类器级联

OpenCV 的人脸检测采用的 AdaBoost 算法就是一个弱分类器到强分类器级联的过程。在现实的人脸检测中，只靠一个强分类器难以保证检测的正确率，这个时候需要训练出多个强分类器并将它们强强联手，最终形成正确率很高的级联分类器。具体的实现过程如下：

设 K 是一个级联检测器的层数，D 是该级联分类器的检测率，F 是该级联分类器的误识率，d_i 是第 i 层强分类器的检测率，f_i 是第 i 层强分类器的误识率。如果要训练一个级联分类器以达到给定的 F 值和 D 值，只需要训练出每层的 d 值和 f 值，其中：

$$d^\wedge K = D$$

$$f^\wedge K = F$$

因此，级联分类器的训练就是不断地迭代，使得每层强分类器的 d 值和 f 值达到指定的要求。

6.3.4 人脸检测的训练算法流程

根据前面几节的介绍，读者应该可以设计一个机器学习人脸检测的算法模型了，其流程如图 6.32 所示。其中训练的数据包含：

（1）正例样本，即待检测的目标样本。

（2）反例样本，其他任意图片。

图像预处理和归一化在 6.2 节有详细的描述，此处不再细讲。

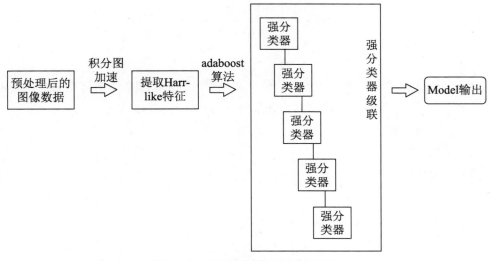

图 6.32　人脸检测的训练算法流程

6.3.5　人脸检测的检测算法流程

人脸检测模型训练之后就是实际的检测过程。通过解析人脸检测过程中的算法流程，可以更直接地了解人脸检测算法。

输入一张捕获的图片，经过图像预处理后输入 Model，Model 会将图片划分成多个块，对每个块进行检测。另外，由于训练时用的照片都是 24×24 左右的小图片，而现实中输入的图片都比较大，所以对于大的人脸，还需要进行多尺度的检测，不断初始化搜索窗口大小为训练时的图片大小，不断扩大搜索窗口，进行搜索。

输入图片将输出大量的子窗口图像。这些子窗口图像经过筛选式级联分类器会不断地被每一个节点筛选、抛弃或通过，最终留下的就是人脸的区域。如图 6.33 所示，f_1 到 f_n 表示的是图像的 Harr-like 特征。最后将这个区域变成矩形框并按照比例绘制到最开始的输入图像上，这样就完成了人脸检测。

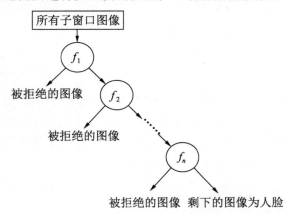

图 6.33　人脸检测的检测算法流程

6.4 训练人脸检测分类器并测试

前面已经详述了人脸检测分类器的训练和识别的算法模型。本节开始编写代码进行测试。下面一起完成第一个人脸检测分类器吧。整个过程分为 3 步：

（1）准备训练数据。

（2）训练分类器。

（3）使用分类器进行测试。

6.4.1 训练准备

新建一个 PyCharm 的工程项目目录 objection_detection。在 6.2 节中已经详细地介绍了输入图像的预处理操作，得到了两个样本：一个是 pos_image 文件夹里面存放的人脸数据及 pos_image.txt 文件中保存的人脸数据标签。另外一个是 neg_image 文件夹里面非人脸数据及 neg_image.txt 文件中保存的非人脸数据标签。在 pos_image 和 neg_image 文件夹下分别放置人脸数据和非人脸数据，将正样本放在 pos 文件夹中，将负样本放在 neg 文件夹中，xml 文件夹存放后面训练过程中产生的 xml 文件，也就是最终的分类器，如图 6.34 所示。

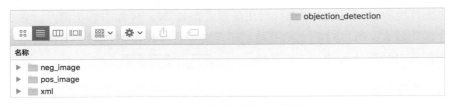

图 6.34　人脸检测数据存放目录

一般来说，正负样本数目比例在 1 ∶ 3 的时候训练结果比较好，但这也不是绝对的。由于每个样本有差异性，所以没有绝对的比例关系。但是需要的负样本比正样本多，因为原则上负样本的多样性越大越好，这样才能有效地降低误检率，而不仅仅是通过对正样本的训练让其能识别物体。

如图 6.35 所示，从 OpenCV 安装目录中查找出如图 6.35 所示的目录，包含以下两个 exe 可执行文件。

opencv_createsamples.exe 用于创建样本描述文件，后缀名是 .vec，专门为 OpenCV 训练做准备，但只有正样本需要它，而负样本不需要。将该文件放到 objection_detection 目录下，然后运行 opencv_haartraining.exe 文件，在目录文件中输入以下命令：

```
opencv_createsamples.exe -vec pos.vec -info pos\pos_image.txt -bg
neg\neg_image.txt -w 24 -h 24 -num 1000
```

图 6.35　OpenCV 人脸执行文件存放目录

从其中的参数可以看出，24 和 24 为输入样本图像的宽和高，num 代表生成的正训练
样本数，运行结束后在当前目录下生成了 pos.vec 文件。

6.4.2　开始训练

opencv_haartraining.exe 是 OpenCV 自带的一个工具，封装了 haar 特征提取及 adaboost
分类器的训练过程。

接下来开始训练过程，输入以下命令：

```
opencv_haartraining.exe -vec pos.vec -bg neg\neg_image.txt -data
xml -w 24
-h 24 -mem 1024 -npos 1000 -neg 3000 -nstages 2 -nsplits 5
```

其中的参数说明如下：

- vec pos.vec：正样本文件名。
- bg neg\neg_image.txt：背景描述文件。
- data xml：指定存放训练好的分类器的路径名，也就是前面建立的 xml 文件夹。
- w 24：样本图片的宽度为 24。
- h 24：样本图片的高度为 24。
- mem 1024：提供的以 MB 为单位的内存。很明显，这个值越大，提供的内存就越
  多，运算也就越快。
- npos 1000：取 1000 个正样本，小于总正样本数。
- neg 3000：取 3000 个负样本，小于总负样本数。
- nstages 20：指定训练层数，层数越高耗时越长。
- nsplits 2：分裂子节点数目，默认值为 2。

训练层数和子节点是指前一节搭建的 Harr_like 级联分类器的层数，还包含一些隐含
层的参数，说明如下：

- minhitrate：最小命中率，即训练目标的准确度。

- maxfalsealarm：最大虚警（误检率），每一层训练到这个值小于 0.5 时结束，进入下一层训练。
- sym 或 -nonsym：脸是否垂直对称，若是，则选前者，且可以加快训练速度。

输入指令后，计算机将执行训练过程，训练后在 xml 文件夹下生成 cascade.xml 文件，接下来可以用之前训练出来的 xml 文件进行测试。

6.4.3 模型测试

在项目目录下创建一个 test_img_set 目录，里面存放一些测试图片。在项目目录下创建 test_classifier.py 脚本来使用分类器，见程序 6-4。这里需要把图片先转化成灰度图片。

程序 6-4 训练代码：test_classifier.py

```
01    import numpy as np
02    import cv2
03    face_cascade = cv2.CascadeClassifier('./xml/cascade.xml')
04    img = cv2.imread('./test_img_set/test1.jpg')
05    gray = cv2.cvtColor(img, cv2.COLOR_BGR2GRAY)
06    faces = face_cascade.detectMultiScale(gray, 1.3, 5)
07    for (x, y, w, h) in faces:
08        cv2.rectangle(img, (x, y), (x + w, y + h), (255, 0, 0), 2)
09    cv2.imshow('img', img)
10    cv2.waitKey(0)
```

这里测试了两张图片：一张图片只有一个人脸，结果如图 6.36 所示；另一张图片有多个人脸，结果如图 6.37 所示。

图 6.36 test_classifier.py 测试一个人脸的图片

图 6.37　test_classifier.py 测试多个人脸图片

由图 6.37 可以看出，多张人脸的识别率不高，可能的原因是输入图像的质量问题。OpenCV 中已经训练完的文件为 haarcascade_frontalface_default.xml。

6.5　本章小结

本章详细介绍了机器学习的基础知识，从一个机器学习的实例出发，讲述了机器学习的原理，为什么要使用机器学习方法，以及机器学习的适用范围。机器学习主要是为了处理分类和回归问题。

机器学习在图像处理领域的绝大部分问题涉及分类。本章以经典的人脸识别算法为例，介绍了最开始的数据准备和图像处理的基础理论。人脸识别主要分为两个流程，一个是人脸检测，另一个是人脸识别。人脸检测是指在输入图像中用矩形框定位人脸位置，定位完之后用训练好的人脸分类器识别是哪一个人。

本章重点讲述了人脸检测分类器的算法设计，主要流程如下：

（1）人脸特征提取。

（2）分类器设计。

（3）分类器测试。

人脸特征提取涉及图像的 3 种特征，即 LBF 特征、HOG 特征和 Harr-like 特征。根据人脸检测的实际应用，OpenCV 选用了 Harr-like 特征作为图像特征。

本章采用 Harr 分类器级联的形式来提高分类器的准确率。分类器测试中测试了单张人脸和多张人脸。

图像的基本概念有图像格式、图像像素、坐标、位深和通道图像的 RGB、HSV、HIS 色彩空间。需要注意以下几点：

（1）机器学习的核心是算法模型设计，涉及大量的机器学习算法，包括本章所讲述的贝叶斯算法、Adaboost 算法，还有大量没有应用到的算法，比如随机森林、支持向量机、近邻算法、决策树、神经网络和马尔卡夫模型。

（2）目前机器学习主要分为监督学习和无监督学习。本章中都是监督学习，主要分为两类，即分类和回归。在无监督学习中给定的数据和在监督学习中给定的数据是不一样的。数据点没有相关的标签。经常采用的算法是聚类算法，找出数据中存在的内在结构。

（3）目前的人脸检测模型的准确率已经很高了，但是大规模的人脸识别系统的实现还是个挑战，比如亿级别的城市安防。

（4）目前的机器学习依赖大量的数据，所以数据的预处理和标注很重要。错误的数据对最后的训练结果影响很大，因此数据的准备工作很重要。现在有很多开源的数据集，比如人脸识别中的 LFV 数据集和目标检测中的 ImageNet 数据集等供使用。但值得注意的是，这些开源的数据集还是存在一定的错误率。

第 7 章
Quatary Kill：基于深度学习的人脸识别

上一章详述了机器学习的基础知识，介绍了如何利用机器学习来解决人脸识别的问题。本章将会介绍深度学习的基础知识，并以人脸识别为例（见图 7.1）介绍深度学习算法，读者通过对本章的学习可以进一步了解机器学习和深度学习的区别。

图 7.1　基于深度学习的人脸识别

本章将介绍深度学习算法的处理思路，详细讲解如何利用深度学习解决人脸识别的问题。本章涉及的主要知识点有：

- 深度学习的基本概念；
- 深度学习和机器学习的区别；
- CNN 网络；
- 一个简单的手写数字分类的例子；
- 深度学习人脸识别网络搭建；
- 深度学习数据增强；
- 深度学习 Model 训练和测试。

7.1 深度学习的基本概念

通过上一章的学习可以发现，机器学习能解决很多人类无法解决的问题，尤其是在大规模数据的处理中。那么现在热门的深度学习是什么呢？它和机器学习又有什么区别呢？如何应用深度学习解决现实的问题呢？本节将对这些问题做探讨。

7.1.1 深度学习简介

这个答案笔者直接引用一篇很火的文章"Deep Learning vs. Machine Learning"。文章给出了深度学习的定义如下：

Deep learning is a particular kind of machine learning that achieves great power and flexibility by learning to represent the world as nested hierarchy of concepts, with each concept defined in relation to simpler concepts, and more abstract representations computed in terms of less abstract ones.

翻译为中文：深度学习是一种特殊的机器学习，它通过学习用概念组成的网状层级结构来表示这个世界，它具有强大的功能和灵活性。它的每个概念都与更简单的概念相关联，而更多的抽象表示则以较不抽象的方式来计算。

从上述定义中，可以得到如下几点信息：

- 深度学习是机器学习的一个特殊分支，因此它们的思想之间具有相似性。
- 深度学习中会用到大规模的网状层级结构，也就是通常所说的神经网络。
- 深度学习功能强大而且很灵活，这是它的优点。

■　深度学习可以自动理解和表示一些抽象的信息。

7.1.2　深度学习和机器学习的区别

在深度学习的定义中，机器学习和深度学习的关系如图 7.2 所示。机器学习和深度学习最明显的区别在于人工选取特征还是机器自动寻找特征。

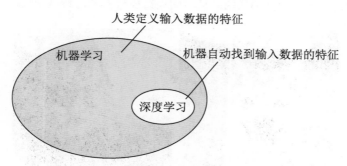

图 7.2　机器学习和深度学习的关系

"Deep Learning vs. Machine Learning" 一文给出了一个非常生动和简单的例子——机器如何去分辨图中的方形或者圆形，如图 7.3 所示。按照上一章中机器学习的解决思路就是定义特征来区分圆形和方形，这是一个二分类问题，我们需要准备正样本和负样本，然后定义各自的标签文件，选择合适的特征进行分类。比如，矩阵的轮廓是直线的，而且是由 4 条边连起来构成的，而圆形的轮廓是曲线，在图像处理中，通过提取图像的线性特征来达到图像的分类问题。

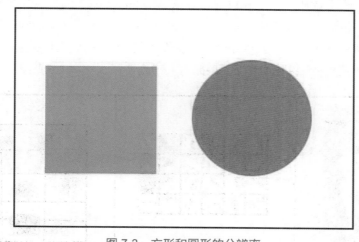

图 7.3　方形和圆形的分辨率

那么深度学习是如何实现的呢？深度学习不关心特征的选择，因此只需要把正负样本的图片集输入到训练网络中就可以得到想要的分类器。

对于上述例子还是很容易定义一些简单的图像特征来解决这个问题。再看"Deep Learning vs. Machine Learning"一文中提到的另外一个例子——猫和狗的区分。

如图 7.4 所示，对于猫和狗这两个物种而言，区分的维度和需要的特征会更多。从人眼中看，人类区分猫和狗会根据其体型、花纹、胡须和耳朵等各种元素进行，而通过机器学习识别猫和狗，会因为猫和狗的品种不同而造成机器学习特征定义的难度增大。

图 7.4　猫和狗的区分问题

而采用深度学习的方法呢？机器会自动地找出这个分类问题所需要的重要特征而不需要我们人工地给出特征。"Deep Learning vs. Machine Learning"一文给出了猫狗识别问题深度学习中机器的解决方案的原理。在深度学习中，采用多层的神经网络架构来提取图像信息，越靠近底层的神经网络提取出来的都是点、线等低维度特征，而高维度的神经网络层则会更多地保留比如耳朵、眼睛等高维度特征，如图 7.5 所示。

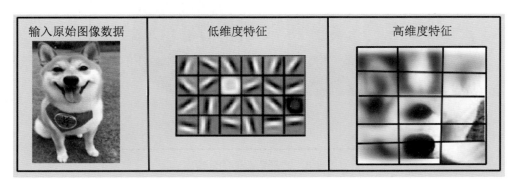

图 7.5　不同维度的图像特征

如图 7.5 所示，可以看到 3 层，输入的是原始图像数据（Input Data），深度学习首先会尽可能找到与这个图像相关的各种边，这些边就是低维度的特征（Low-level features）；然后对这些底层特征进行组合，就可以看到有鼻子、眼睛、耳朵等，它们就是更高维度的特征（High-level features）。因此整个深度学习网络做了下面几件事情：

（1）提取低维度特征，确定有哪些点和线等细节特征跟识别出猫狗的关系最大。

（2）根据上一步找出的低维度特征来构建层级网络，找出它们之间的各种组合。

（3）在构建层级网络之后，就可以确定哪些组合的高维度特征可以识别出猫和狗。

由上面的过程可以看出，深度学习通过低维度特征到高维度特征一层层地构建，找到最终能够构成分类器的最佳组合。这个过程完全是机器在做，而机器学习在这一过程中显得更加笨拙一点。我们可以用以下公式简单地表述机器学习和深度学习的关系。

深度学习 = 人工提取特征 + 传统的机器学习方法

7.1.3　深度学习入门概念

本节从神经网络出发，介绍深度学习中涉及的各种基本函数和网络架构。

1. 神经网络

在深度学习中，神经网络由很多"神经元"组合而成，神经元的作用是传递数据，通过训练调整相关的权重，完成深度学习中的"学习"功能。神经网络是一切深度学习网络的基石。

2. 神经元

神经元（neuron）的概念来源于人类大脑里面的基本元素——神经元，因此又被称为人造神经元。它形成了神经网络的基本结构，如图 7.6 所示。在神经网络中，神经元接收输入，处理后产生输出并传递给下一个神经元，或者作为最终输出。

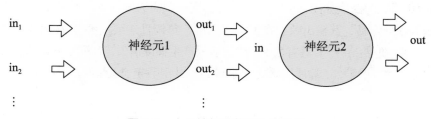

图 7.6　人工神经元的输入和输出

3. 权重

在深度学习神经网络中，数据输入神经元时往往会乘以一个参数，这个参数被称为权重（weight），如图 7.7 所示。对于神经元 b1，输入为 $(X_1, X_2, \cdots, X_n)$，对应的权重分别为 $(W_1, W_2, \cdots, W_n)$，通过神经元节点前，输入 A 就变成了 $(W_1 \times X_1 + W_2 \times X_2 + \cdots + W_n \times X_n)$。神经元的输出结果既跟输入相关，也跟权重相关。

4. 偏差

权重只改变输入比例的大小，添加另外一个线性变量——偏差（bias），输入就变成了：

$$权重 \times 输入 + 偏差$$

添加偏差的目的是为了扩展权重与输入相乘所得结果的范围。

5. 激活函数

输入通过增加权重和偏差后，输入的形式为 $y = \Sigma W \times X + b$，将这个线性分量应用于输入时需要将这个线性输入变成一个非线性输入，使得神经网络可以解决更多复杂的问题，如图 7.8 所示。激活函数（Activation Function）表示为：

$$f(\Sigma W \times X + \mathrm{b}k)$$

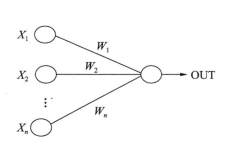

图 7.7　带权重的人工神经元的输入和输出

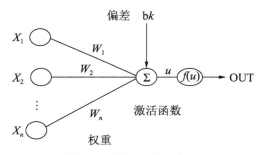

图 7.8　激活函数的应用

常见的激活函数有 Sigmoid、ReLU、tanh 和 Softmax。

（1）Sigmoid 定义如下：

$$\mathrm{Sigmoid}(x) = 1/(1 + \exp(-x))$$

Sigmoid 函数的曲线如图 7.9 所示。变换产生一个值为 0 ~ 1 之间的平滑曲线。优点：Sigmoid 函数求导容易，其输出映射在（0,1）之间，单调且连续，输出范围有限、稳定，可以用作输出层。缺点：由于其具有软饱和性，容易产生梯度消失，从而导致训练出现问题。

（2）ReLU 激活函数经常被用来处理隐藏层，其函数定义为：

$$f(x) = \max(x, 0)$$

当 $x > 0$ 时，函数的输出值为 x；当 $x \leqslant 0$ 时，函数的输出值为 0。ReLU 函数的曲线如图 7.10 所示。

ReLU 激活函数的优点：对于大于 0 的所有输入而言，它都有一个不变的导数值。在网络训练中，常数导数值有助于增加训练速度，所以 ReLU 激活函数经常用于隐藏层。

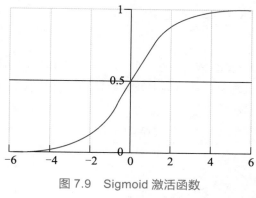

图 7.9　Sigmoid 激活函数

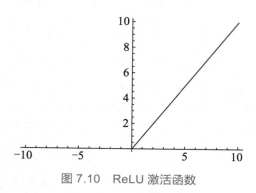

图 7.10　ReLU 激活函数

（3）tanh 激活函数被定义为：

$$\tanh(x)=(1-\exp(-2x))/(1+\exp(-2x))$$

函数位于 [−1, 1] 区间上，绘制的曲线如图 7.11 所示。

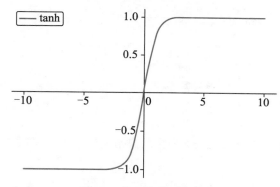

图 7.11　tanh 激活函数

tanh 激活函数的优点：比 Sigmoid 函数收敛速度更快。

tanh 激活函数的缺点：无法解决由于饱和性产生的梯度消失。

（4）Softmax 激活函数通常用于输出层，用于解决多分类问题。它与 Sigmoid 函数很相似，但是后者通常应用于解决二分类问题。百度百科中显示的两者的对比见表 7-1。

表 7-1　Softmax 激活函数和 Sigmoid 激活函数的对比

	Softmax	Sigmoid
公式	$\sigma(z)_j = \dfrac{e^{z_j}}{\sum_{k=1}^{K} e^{z_k}}$	$S(x) = \dfrac{1}{1+e^{-x}}$
本质	离散概率分布	非线性映射
任务	多分类	二分类
值域	[0,1]	(0,1)

在分类的类别为二的情况下，两者是一样的。

6. 神经网络的输入层 / 输出层 / 隐藏层

如图 7.12 所示，输入层是神经网络的第一层也是接收输入的那一层；而输出层是神经网络的最后一层，也是生成输出的那一层；隐藏层是网络中处理数据的所有层的总和，也是神经网络中最重要的数据处理层。输入层和输出层是可见的，而中间层则是隐藏的。每一层都是由多个神经元构成的，因为单个神经元无法进行复杂的任务。

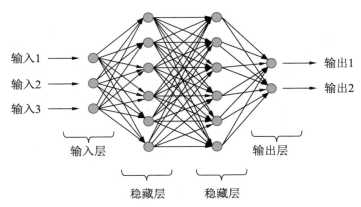

图 7.12　神经网络的输入层、输出层和隐藏层

7. 正向传播

正向传播（Forward Propagation）是指信息沿着输入层→隐藏层→输出层这个方向运动，如图 7.13 所示。

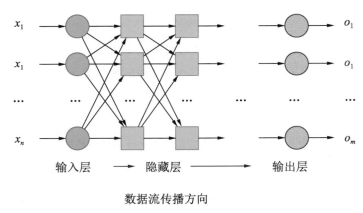

数据流传播方向

图 7.13　正向传播

8. 反向传播

神经网络的训练过程一开始为各个网络节点随机分配权重和偏差值，然后计算出网

络的错误。定义的损失函数表征错误率，其反向传播的原理是，在训练过程中将该错误
与损失函数的梯度反向传播给网络以更新网络的权重，通过不断迭代，使得损失函数收
敛。这种使用损失函数梯度的权重的更新被称为反向传播（Back Progagation），具体过程
如图 7.14 所示。

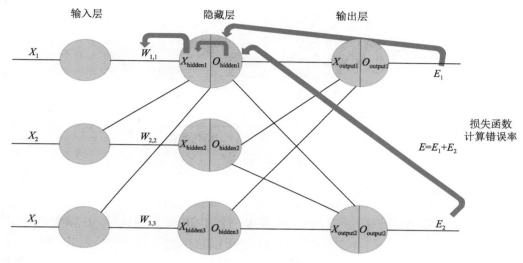

图 7.14　反向传播

在反向传播中，网络的运动跟前向传播相反，错误随着梯度从外层通过隐藏层流回，
权重被更新。

9.　损失函数

在上面的反向传播中提到了损失函数（Loss Function），跟机器学习一样，在训练过
程中使用损失函数来衡量网络的准确性。

10.　梯度下降

梯度下降（Gradient Descent）是一种最小化损失的优化算法，跟机器学习中的定义一致。

11.　学习率

学习率（Learning Rate）定义为每次迭代中损失函数中最小化的量。在训练过程中，
网络下降到损失函数的最小值的速率是学习率，如图 7.15 所示。学习率过大和过小都不
好，过大会造成 Loss 下降过快，导致最佳解决方案被错过，而过小则导致训练速度很慢。

12.　批量

在训练神经网络的同时，数据量通常很大，因此将输入分成几个随机大小相等的块，
然后一块块地输入到网络里面参与训练。与整个数据集一次性馈送到网络时建立的模型

相比，批量（batch）训练数据使得模型更加广义化。

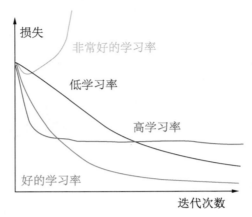

图 7.15　学习率

13. 训练周期

数据前向和后向传播中，所有批量一次称为一个训练周期（epochs）。在深度学习的训练过程中，训练周期是我们自己定义的，更多的训练周期可能获得更好的效果。但是并不是训练周期越长越好，因为过长的训练周期非常耗时。一般监控整个训练过程，当损失函数收敛到一定数值后就停止训练。而且训练周期数太高，可能会造成模型的过度拟合。

14. 丢弃

丢弃（dropout）是一种正则化方法，作用是防止网络过度拟合。具体思路：在训练期间，隐藏层中一定数量的神经元被随机地丢弃，如图 7.16 所示。

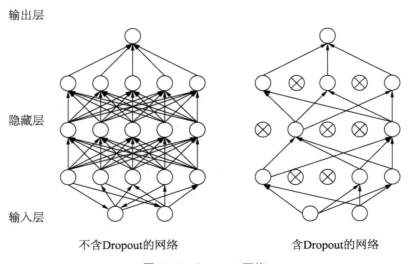

图 7.16　Dropout 网络

15. 批量归一化

神经网络在训练时，其权重在梯度下降的每个步骤之后都会改变，这会改变数据的形状，因此需要在将数据发送到下一层之前明确规范化数据，以确保数据的分布与下一层希望获得的数据分布相同。这个批量规范化数据的过程就叫批量归一化（Batch Normalization）。

7.2　卷积神经网络

深度学习是一个框架，包含了很多重要的算法，主要有 Convolutional Neural Networks（CNN，卷积神经网络）、Auto Encoder（自动编码器）、Sparse Coding（稀疏编码）、Restricted Boltzmann Machine（RBM，限制波尔兹曼机）、Deep Belief Networks（DBN，深信度网络）、Recurrent Neural Network（RNN，多层反馈循环神经网络）。

对于不同的问题（图像、语音、文本），需要选用不同的网络模型来处理，以达到更好的处理效果。本节以最基础的 CNN 网络为例讲解深度学习的原理。

7.2.1　卷积的原理

对于一幅 32×32 的灰度图像，可以将其看成是一个 28×28 的二维矩阵，采用 3×3 的卷积核与图像不同的 3×3 部分相乘，形成所谓的卷积输出。这个 3×3 的卷积核在深度学习中被称为过滤器（Filter）。举个例子，Filter 是一个 3×3 的矩阵，如下：

$$\begin{bmatrix} 1 & 0 & 1 \\ 0 & 1 & 0 \\ 1 & 0 & 1 \end{bmatrix}$$

如图 7.17 所示，Filter 在图像的一个 5×5 的 Block 上滑动，每一次滑动都计算一次卷积结果，因此在与图像的每个 3×3 部分相乘后形成了该 Block 的卷积特征。

这就是 Filter 的原理，图像的卷积操作主要是为了提取图像特征，从而对输入降低维度。在深度学习网络中，卷积层是最基础的网络结构，不同尺寸的卷积核和不同卷积的核对图像的处理效果也不同。如图 7.18 所示，不同的卷积核对同一幅输入图像的卷积效果输出也是不同的。

在实际应用中，卷积神经网络在训练过程中需要提前设置这些过滤器的参数（过滤器的数目、大小和网络框架等）。理论上，设计的过滤器数目越多，提取的图像特征就越多，所设计的网络在识别图像时效果就会越好。但是大量的过滤器也会增加网络层数，给训练带来负担，所以过滤器的数目和大小的设置是通过不同的实验经验得来的。

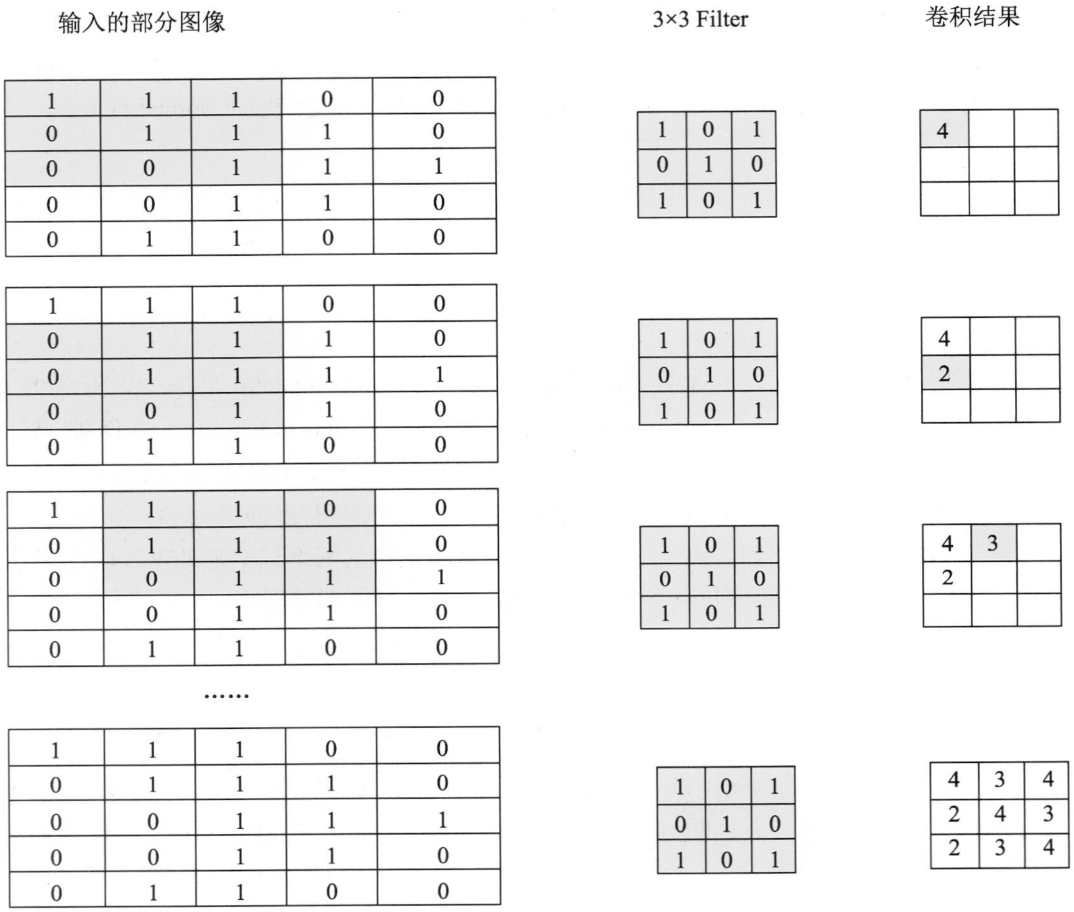

输入的部分图像　　　　　　　　　　3×3 Filter　　　　　　卷积结果

图 7.17　图像卷积操作

卷积层的参数主要有以下 3 个。

（1）卷积层深度：深度对应卷积运算中的过滤器数量。在如图 7.19 所示的网络中，使用 3 个不同的过滤器对初始图像进行卷积，从而生成 3 个不同的特征图。

（2）步幅：在输入矩阵上移动一次过滤器矩阵的像素数量。当步幅为 1 时，过滤器每次移动 1 个像素；步幅为 2 时，过滤器每次移动 2 个像素。步幅越大，生成的特征映射越小。

（3）零填充（padding）：在图像之间添加额外的零层，以使输出图像的大小与输入相同。在卷积时遇到图像边界，将输入矩阵边界用零来填充会很方便，这样可以将过滤器应用于输入图像矩阵的边界元素。如图 7.20 所示，零填充可以控制特征映射的大小。添加零填充的操作也称为宽卷积，而不使用零填充时为窄卷积。

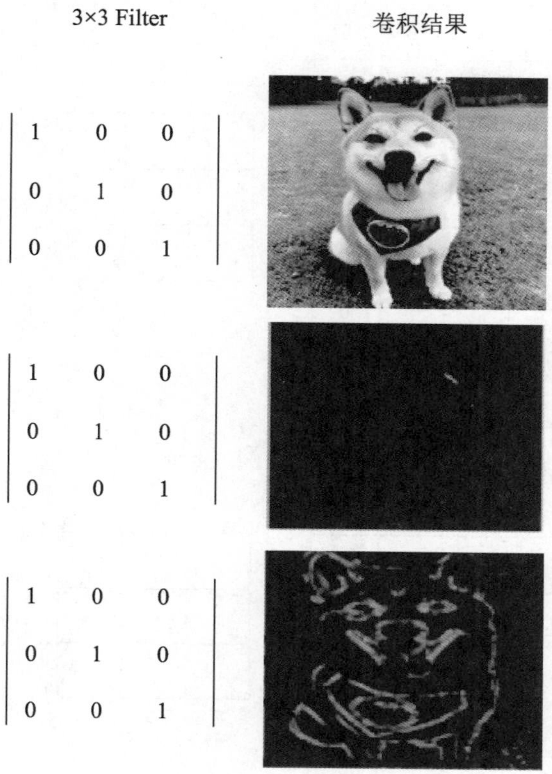

3×3 Filter　　　　　　　　　卷积结果

$$\begin{vmatrix} 1 & 0 & 0 \\ 0 & 1 & 0 \\ 0 & 0 & 1 \end{vmatrix}$$

$$\begin{vmatrix} 1 & 0 & 0 \\ 0 & 1 & 0 \\ 0 & 0 & 1 \end{vmatrix}$$

$$\begin{vmatrix} 1 & 0 & 0 \\ 0 & 1 & 0 \\ 0 & 0 & 1 \end{vmatrix}$$

图 7.18　不同过滤器对应的卷积结果

特征图

生成3个不同的特征图

对图像区域进行卷积操作

图 7.19　Depth 为 3 的卷积结果

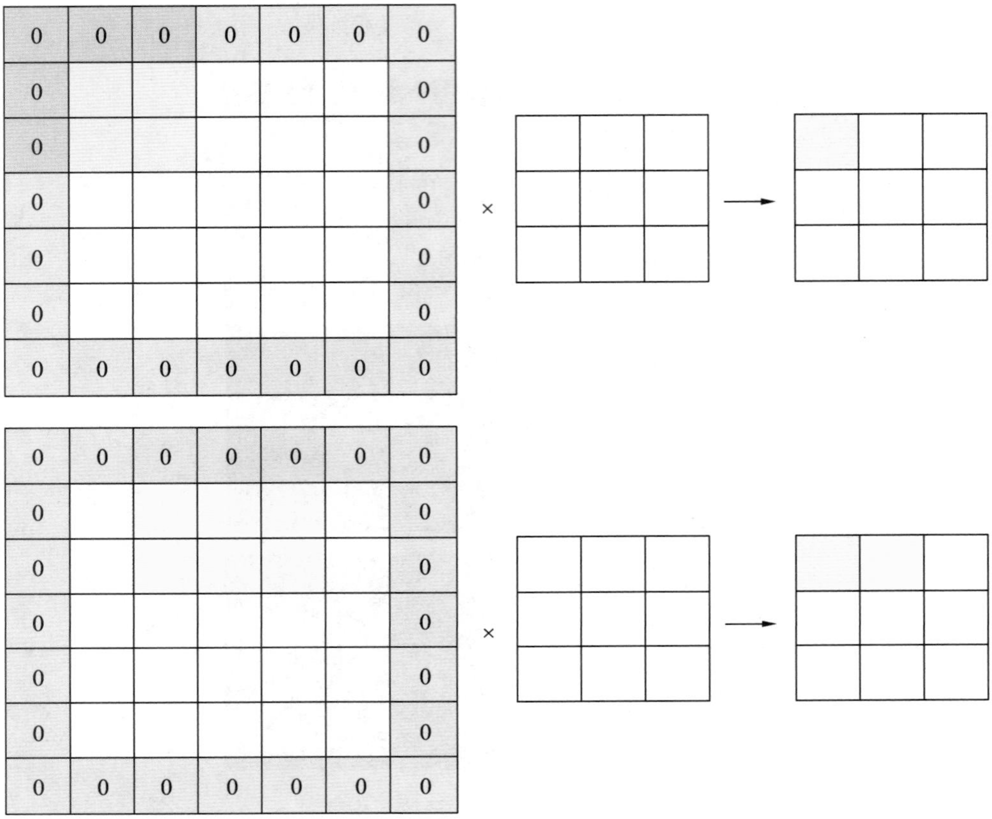

图 7.20　零填充

7.2.2　池化层的原理

池化（Pooling）就是下采样，通常在卷积层之间定期引入池层，主要是为了减少一些参数，并防止过度拟合。

如图 7.21 所示，原始图像是 4×4 的矩阵，我们对其进行下采样，采样窗口为 2×2，最终将其下采样成为一个 2×2 大小的特征图。在实际应用中，池化根据下采样的方法，分为最大值下采样（Max-Pooling）与平均值下采样（Mean-Pooling）。

7.2.3　全连接层的原理

全连接层（Fully Connected Layers）在网络中的作用是连接所有的特征，将输出值送给分类器（如 Softmax 分类器）。如图 7.22 所示，在实际使用中，全连接层可由卷积操作实现：对前层是全连接的全连接层可以转化为卷积核为 1×1 的卷积；而对前层是卷积层的全连接层可以转化为卷积核为 $h \times w$ 的全局卷积，h 和 w 分别为前层卷积结果的高和宽。

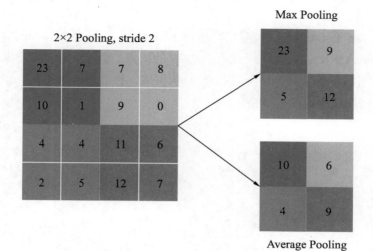

图 7.21　2×2 的下采样

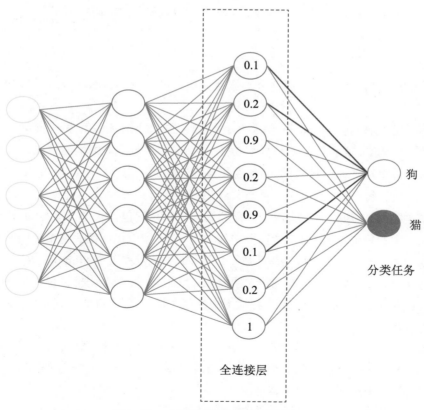

图 7.22　全连接层在网络层中的应用

7.2.4 一个经典的 CNN 网络结构

1998 年，Yan. LeCun 提出了深度学习的常用模型之一——卷积神经网络（Convoluted Neural Network，CNN），成就了现在基于 CNN 的图像、语音、计算机视觉和 NLP 技术的快速发展。当时提出了一个经典的 CNN 结构网络，称之为 LeNet-5，主要用于手写字体的识别，其网络结构如图 7.23 所示。

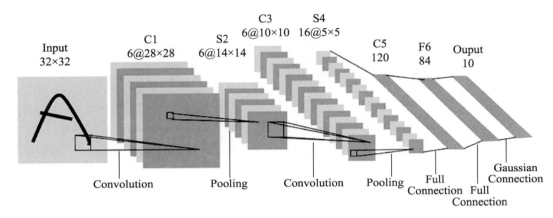

图 7.23 LeNet-5 网络

图 7.23 中以 MINIST 手写数字分类项目为例，可以看到 LeNet 网络层包含 8 层，它们分别如下：

- 第 1 层为输入层（Input），输入为一个 32×32 大小的黑白图像。
- 第 2 层为 C1 卷积层，实现卷积功能。它包含 6 个 28×28 的特征图，每个特征图中的每个神经元与输入的 5×5 卷积核权值相连。每个特征映射由 28×28 个神经元组成，每个神经元指定一个 5×5 的接受域。
- 第 3 层为 S2 池化层，实现子抽样和局部平均。它包含 6 个 14×14 的特征图，特征图中的每个像素与 C1 特征图中的一个 2×2 领域相连接。每个神经元具有 1 个 2×2 的接受域、1 个可训练系数、1 个可训练偏置和 1 个 Sigmoid 激活函数。
- 第 4 层为 C3 卷积层，实现第 2 层卷积。它包含 16 个卷积核，得到 16 张特征图，特征图大小为 10×10。每个特征图中的每个神经元与 S2 中的多个 5×5 的领域相连接。
- 第 5 层为 S4 下采样层，第二次子抽样和局部平均计算。它包含 16 个 5×5 的特征图，每个特征图中的每个像素与 C3 特征图中的一个 2×2 领域相连接。它由 20 个特征映射组成，但每个特征映射由 5×5 个神经元组成。
- 第 6 层为 C5 卷积层，完成最后一次卷积。它通过 Flatting 把 S4 中的每个像素拉长，变成 120 个神经元，同样可以看成 120 个特征图，每张特征图的大小为 1×1。它由 120 个神经元组成，每个神经元指定一个 5×5 的接受域。

- 第 7 层为 F6 全连接层，得到输出向量。该层有 84 个单元与 C5 层全连接。F6 层计算输入向量和权重向量之间的点积，再加上一个偏置。
- 该网络最后输出的是 10 个分类数字，分别对应 0，1，2，....，9，共 10 个分类的得分，由得分的大小判断是哪一个分类。

总结：通过卷积提取特征后，分类项目的输入的大小为 $28 \times 28 \times 3$，对应有 2352（$28 \times 28 \times 3$）个参数。随着图像大小的增加，参数的数量变得越来越大。因此，卷积层的存在就是为了大大减小输入数据的大小，卷积后得到的特征图用来代表图像信息。

7.3　手写数字分类项目

上一节详细讲解了 LeNet 的原理，以及其在手写数字识别上的网络架构本节从代码出发，学习如何构建一个深度学习网络。

7.3.1　训练环境的搭建

本例中采用 TensorFlow 框架，引入 scikit-learn 机器学习库，使用 Python 的 NumPy 库做一些矩阵运算。打开命令行输入：

```
source activate AICV27
pip install tensorflow
```

也可以指定 TensorFlow 的版本。如果不指定，安装的就是最新的版本。本次安装不指定。安装结束后编写一个程序来测试 TensorFlow 是否安装成功，如程序 7-1 所示。

程序 7-1　TensorFlow 安装测试代码：tf_test.py

```
01    # -*- coding: UTF-8 -*-
02    import tensorflow as tf
03    hello = tf.constant('Hello, TensorFlow!')
04    sess = tf.Session()
05    print(sess.run(hello))
06    a = tf.constant(10)
07    b = tf.constant(32)
08    print(sess.run(a+b))
```

上述代码主要调用了 TensorFlow 的 session 模块完成一个打印操作，再调用 TensorFlow 的 constant() 实现两个常量的相加。本例运行结果如图 7.24 所示。

```
b'Hello, TensorFlow!'
42
```

图 7.24　测试 TensorFlow

7.3.2　训练数据的准备

MNIST 数据集来自于美国国家标准与技术研究所（National Institute of Standards and Technology，NIST）。训练集（Training Set）由来自于 250 个不同人手写的数字数据构成，其中 50% 是高中学生，50% 来自人口普查局的工作人员。测试集也是同样比例的手写数字数据。

MNIST 数据集包含了以下 4 个部分：

- Training set images：train-images-idx3-ubyte.gz，9.9 MB，解压后为 47 MB，包含 60 000 个样本。
- Training set labels：train-labels-idx1-ubyte.gz，29 KB，解压后为 60 KB，包含 60 000 个标签。
- Test set images：t10k-images-idx3-ubyte.gz，1.6 MB，解压后为 7.8 MB，包含 10 000 个样本。
- Test set labels：t10k-labels-idx1-ubyte.gz，5KB，解压后为 10 KB，包含 10 000 个标签。

部分 MNIST 数据集的图片如图 7.25 所示。

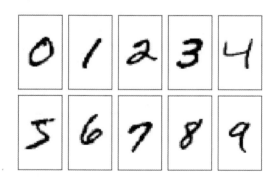

图 7.25　MNIST 数据集中的部分图片

MNIST 手写数据集的获取：在 TensorFlow 中集成了该数据集，只需要通过下面的代码就可以读取数据集。

```
from tensorflow.contrib import learn
mnist = learn.datasets.load_dataset('mnist')
```

通过 mnist.train、mnist.test 和 mnist.validation 来分别获取训练集、验证集和测试集这 3 个数据集，每个数据集里面的方法都包含参数。以 train 方法为例：

- train.images：图片数据，二维数组 (55 000 784)，dtype=float32。
- train.labels：图片对应的标签，一维数组，每个数值表示图片对应的数字。
- train.num_examples：图片数量 55 000。
- train.next_batch：下一批数据。调用说明，n = train.next_batch，则 n[0] 表示 images，n[1] 表示 images 对应的 labels。

第一次 load MNIST 数据的时候，会自动从网上下载，在当前目录下会生成 MNIST-data 目录，下载后的数据集就存储在该目录下。

7.3.3　训练网络的搭建

训练网络采用 LeNet 网络结构，TensorFlow 中集成了几乎所有常见的网络层，因此搭建网络可以调用 TensorFlow 的方法，配置网络参数即可。

1. 定义卷积层

在 tf.contrib.layers 中有 convolution2d、conv2d 等方法，代表的是构建卷积层 convolution 的方法。具体方法定义如下：

```
convolution(inputs, num_outputs, kernel_size, stride=1, padding='SAME',
data_format=None, rate=1, activation_fn=nn.relu, normalizer_fn=None,
normalizer_params=None, weights_initializer=initializers.xavier_
initializer(), weights_regularizer=None, biases_initializer=init_ops.
zeros_initializer, biases_regularizer=None, reuse=None, variables_
collections=None, outputs_collections=None, trainable=True, scope=None)
```

convolution() 方法支持一维到三维的卷积，非常强大，具体参数说明如下：

- inputs：输入变量，是一个 $N+2$ 维的 Tensor。首先，类型要求是一个 Tensor，Tensor 是 TensorFlow 内部的一个数据类型，名为"张量"。一般训练的数据都是常量，比如 MNIST 数据集，Load 以后得到是 Python 的数据类型，而不是 TensorFlow 的类型，所以需要把用 TensorFlow 的方法做一下转换，比如 tf.reshape，将其转换成 Tensor。其次，为什么是 $N+2$ 维呢？因为输入数据，比如图像，除了宽度和高度外，实际上还有样本数量和通道数量，所以多了 2 维。最后，inputs 的格式由 date_format 这个参数来决定。
- num_outputs：卷积 Filter 的数量，或者说提取的特征数量，比如 10，代表用了的过滤器数目为 10 个。
- kernel_size：卷积核的大小，是 N 个参数的 List。

- stride：卷积步长，同样是 N 个参数的序列，或者都相等的话，用一个整数来表示，默认是 1。
- padding：字符串格式，默认为 SAME，可选 'VALID'。
- data_format：字符串，指定 Inputs 的格式，一维数据为 NWC（默认）和 NCW；二维数据为 NHWC（默认）和 NCHW；三维数据为 NDHWC。如果不指定的话，通道数都是最后一个参数。其中 N 是样本数量，H 是高度，W 是宽度，C 是通道数。
- rate：一个 n 个正整数序列，它指定了用于三阶卷积的膨胀率。
- activation_fn：激活函数，默认为 ReLU。
- normalizer_fn：使用标准化函数代替偏差。
- normalizer_params：标准化函数参数。
- weights_initializer：初始权重，有默认值。
- weights_regularizer：是否选择权重正则化。
- biases_initializer：偏差初始值。
- biases_regularizer：偏差标准化。
- reuse：是否应该重用该层及其变量，参数默认为 True 或者 None。
- variables_collections：变量收集，不用指定。
- outputs_collections：输出收集，不用指定。
- trainable：如果设置为 True，将变量加入 Graph collection。
- scope：也即 variable_scope，如果用多个卷积层的话，需要设置这个参数，以便把每一次的 Weight 和 Bias 区别出来。

在本例中对 MNIST 数据集做卷积，只需要指定 inputs、num_outputs、kernel_size 和 scope 这几个参数即可，如下：

```
conv1 = tf.contrib.layers.conv2d(inputs, 4, [5, 5], 'conv_layer1')
```

其中，stride 默认为 1，weights 和 biases 也都是默认值。

2. 定义池化层

用 tf.contrib.layers.max_pool2d 或者 tf.contrib.layers.avg_pool2d 来定义池化层。函数声明如下：

```
max_pool2d(inputs, kernel_size, stride=2, padding='VALID', data_
format=DATA_FORMAT_NHWC, outputs_collections=None, scope=None)
```

参数说明如下：

- inputs：池化层输入。
- kernel_size：池化层的卷积核尺寸。
- stride：设置 [stride_height, stride_width]。

- padding：默认是 VALID。
- data_format：和卷积层定义一样。
- outputs_collections：和卷积层定义一样。
- scope：Pooling 范围。

在本例中，池化层定义为：

```
pool1 = tf.contrib.layers.max_pool2d(conv1, [2, 2], padding='SAME')
```

3. 定义全连接层

tf.contrib.layers 中定义了全连接层方法，函数声明如下：

```
fully_connected(inputs, num_outputs, activation_fn=nn.relu, normalizer_
fn=None, normalizer_params=None, weights_initializer=initializers.
xavier_initializer(), weights_regularizer=None, biases_initializer=
init_ops.zeros_initializer, biases_regularizer=None, reuse=None,
variables_collections=None, outputs_collections=None, trainable=True,
scope=None)
```

函数声明跟卷积层类似，唯一需要注意的是，全连接层的 inputs 参数一般是二维形式 [batch_size, depth]，而前面卷积的结果一般是 [batch_size, height, width, channels] 的形式，所以卷积后需要做一个 Flatten 操作后再传给 fully_connected 层，这里不做详细说明。本例中调用全连接层的方法如下：

```
fc = tf.contrib.layers.fully_connected(inputs, 1024, scope='fc_layer')
```

4. 定义 dropout

一般在全连接之后还会做 dropout。在深度学习网络的训练过程中，对于神经网络单元按照一定的概率将其暂时从网络中丢弃，以防止过拟合。函数声明如下：

```
dropout(inputs, keep_prob=0.5, noise_shape=None, is_training=True,
outputs_collections=None, scope=None)
```

参数很简单，其中需要注意的是 is_training 在训练的时候传 True，其他情况下传 False。

5. 定义 logits

在全连接层之后定义 logtis，作用是做一个线性变换，把全连接后的结果映射到分类的数量上。函数调用如下：

```
logits = tf.nn.xw_plus_b(x, weights, biases)
```

6. 定义 loss

全连接层后一般就是用 softmax 做分类，接下来定义 loss 就可以进行训练。在 tf.contrib.

losses 下有一些预定义的 loss 函数，比如：

```
softmax_cross_entropy(logits, onehot_labels, weights=_WEIGHT_SENTINEL,
label_smoothing=0, scope=None)
```

函数参数比较简单，此处不做详细说明。

7. 定义 train_optimizer

在训练过程中需要定义优化函数，用 tf.contrib.layers.optimize_loss 通过传递不同的参数就可以调用不同的优化方法。

7.3.4　训练代码

根据上面搭建好的网络定义 Model，用 Estimator 完成训练和预测等功能。完整的代码见程序 7-2。

程序 7-2　深度学习手写数字识别代码：DL_MNIST.py

```
01    # -*- coding: UTF-8 -*-
02    import numpy as np
03    import sklearn.metrics as metrics
04    import tensorflow as tf
05    from PIL import Image
06    from tensorflow.contrib import learn
07    from tensorflow.contrib.learn import SKCompat
08    from tensorflow.contrib.learn.python.learn.estimators import
      model_fn as model_fn_lib
09    from tensorflow.python.ops import init_ops
10    IMAGE_SIZE = 28
11    LOG_DIR = './ops_logs'
12    mnist = learn.datasets.load_dataset('mnist')
13    def inference(x, num_class):
14        with tf.variable_scope('softmax'):
15        dtype = x.dtype.base_dtype
16        init_mean = 0.0
17        init_stddev = 0.0
18        weight = tf.get_variable('weights',[x.get_shape()[1], num_
          class],initializer=init_ops.random_normal_initializer(init_
          mean, init_stddev, dtype=dtype), dtype=dtype)
19        biases = tf.get_variable('bias', [num_class],
          initializer=init_ops.random_normal_initializer(init_mean,
          init_stddev, dtype=dtype), dtype=dtype)
20        logits = tf.nn.xw_plus_b(x, weight, biases)
21        return logits
22    def model(features, labels, mode):
23        if mode != model_fn_lib.ModeKeys.INFER:
24            labels = tf.one_hot(labels, 10, 1, 0)
25        else:
26            labels = None
```

```
27        inputs = tf.reshape(features, (-1, IMAGE_SIZE, IMAGE_SIZE, 1))
28        conv1 = tf.contrib.layers.conv2d(inputs, 4, [5, 5] scope=
          'conv_layer1', activation_fn=tf.nn.tanh);
29        pool1 = tf.contrib.layers.max_pool2d(conv1, [2, 2], padding ='SAME')
30        conv2 = tf.contrib.layers.conv2d(pool1, 6, [5, 5], scope=
          'conv_layer2', activation_fn=tf.nn.tanh)
31        pool2 = tf.contrib.layers.max_pool2d(conv2, [2, 2], padding= 'SAME')
32        pool2_shape = pool2.get_shape()
33        pool2_in_flat = tf.reshape(pool2, [pool2_shape[0].value or
          -1, np.prod(pool2_shape[1:]).value])
34    fc1 = tf.contrib.layers.fully_connected(pool2_in_flat, 1024,
      scope='fc_layer1', activation_fn=tf.nn.tanh)
35        is_training = False
36        if mode == model_fn_lib.ModeKeys.TRAIN:
37            is_training = True
38        dropout = tf.contrib.layers.dropout(fc1, keep_prob=0.5,is_
          training =is_training, scope='dropout')
39        logits = inference(dropout, 10)
40        prediction = tf.nn.softmax(logits)
41        if mode != model_fn_lib.ModeKeys.INFER:
42            loss = tf.contrib.losses.softmax_cross_entropy(logits, labels)
43            train_op = tf.contrib.layers.optimize_loss(
              loss, tf.contrib.framework.get_global_step(),
              optimizer='Adagrad',learning_rate=0.1)
44        else:
45            train_op = None
46            loss = None
47        return {'class': tf.argmax(prediction, 1), 'prob': prediction},
          loss, train_op
48    classifier = SKCompat(learn.Estimator(model_fn=model, model_
      dir=LOG_DIR))
49    classifier.fit(mnist.train.images, mnist.train.labels, steps=
      1000, batch_size=300)
50    predictions = classifier.predict(mnist.test.images)
51    score = metrics.accuracy_score(mnist.test.labels, predictions['class'])
52    print('Accuracy: {0:f}'.format(score))
```

输出为测试图片对应的 10 个分类的评分，认为分数最高的就是所属的类别。训练时间很长，建议使用带 GPU 的计算机。

7.3.5　深度学习基础知识扩展

上一节给出了一个简单的手写数字识别解决方案，通过网络层搭建代码实现整个过程。其中介绍了 TensorFlow 框架的使用，以及简单的深度学习过程。本节将介绍一些复杂项目遇到的问题。

1. 数据增强

通过图片的旋转、剪切、降噪、加噪声、尺度变换等提高原本输入数据集数据质量的方法被称为数据增强（Data Augmentation）。如图 7.26 所示，输入的手写图片数据的方向是不确定的，因此需要数据增强来提高模型的泛化能力。另外，数据增强也可以解决训练数据不足的问题，实验证明新数据的添加对模型准确率的提高有益。

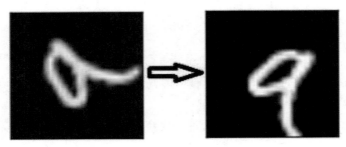

图 7.26　手写数字图片旋转

2. 循环神经网络

除了常见的 CNN 以外，循环神经网络（RNN）也很常见，特别用于顺序数据。RNN主要是通过先前的输出预测下一个输出。循环神经元的概念是理解 RNN 工作原理的基础，如图 7.27 所示，循环神经元是连接在一起的 t 个不同的神经元。在 T 时间内将神经元的输出发送回原本的自己。循环神经元的优点是它给出了更广义的输出。

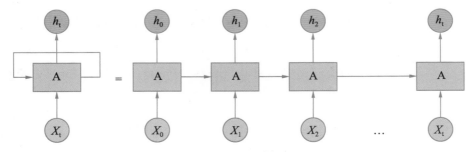

图 7.27　循环神经元

3. 梯度消失

梯度消失（Vanishing Gradient）主要出现在激活函数的梯度非常小的情况下，因为反向传播过程中权重乘以这些梯度时，随着网络进一步深入会导致梯度逐渐消失。梯度消失问题可以通过使用不具有小梯度的 ReLU 激活函数来解决。

4. 梯度激增

与梯度消失相反，当激活函数的梯度过大，在反向传播期间，特定节点的权重相对于其他节点的权重非常高，这使得其他节点变得不重要而影响训练结果。梯度激增（Exploding Gradient）问题可以通过限定梯度值的范围来解决。

7.4　基于深度学习的人脸识别解决方案

本节将介绍基于深度学习的人脸识别解决方案，采用 CNN 网络实现。本章构建了一个人脸识别 Model，用来区分需要识别的人脸和其他人脸。

7.4.1　数据的准备

人脸识别是指在输入的图像中找到人脸区域，将提取出的人脸区域跟目标人脸进行匹配，如果判断是目标人脸，则显示标记输出为目标人脸，否则不标记。

因此数据分为两类：目标人脸和非目标人脸。读者可以用摄像头采集不同角度或者不同场景中自己的人脸作为目标人脸，然后取其他人脸作为非目标人脸，如图 7.28 所示。

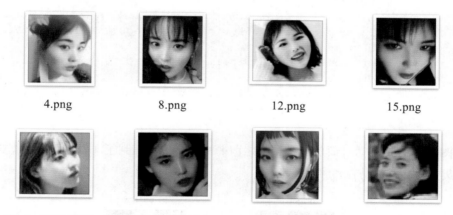

4.png　　　　　　8.png　　　　　　12.png　　　　　　15.png

WechatIMG459.jpeg　WechatIMG498.jpeg　WechatIMG517.jpeg　WechatIMG520.jpeg

图 7.28　人脸目标数据集

目标人脸大概为 20 张左右，数据集越大越好。因为可以取得的数据集有限，因此目标人脸可以通过数据增强来进行数据扩展。数据增强算法可以用第 3 章讲到的基本算法来实现。TensorFlow 里面也集成了数据增强的函数，列举如下：

- 将图像上下翻转：tf.image.flip_up_down()；
- 将图像左右翻转：tf.image.flip_left_right()；
- 将图像对角线翻转：tf.image.transpose_image()；
- 随机翻转：tf.image.random_flip_up_down()；
- 调整图像的色彩：tf.image.adjust_brightness()；
- 调整图像的亮度：tf.image.adjust_contrast()；

- 调整图像的对比度：tf.image.adjust_hue();
- 调整图像的色相：tf.image.adjust_saturation();
- 调整图像的饱和度：tf.image.per_image_standardization()。

程序 7-3 所示为显示一个图像翻转增强的例子。

程序 7-3　深度学习之图像增强：DL_add_imgs.py

```
01    # -*- coding: UTF-8 -*-
02    import tensorflow as tf
03    import Matplotlib.pyplot as plt
      #TensorFlow 读取一张图片，换成 .open() 函数也不会报错
04    img = tf.gfile.FastGFile('15.jpg', 'rb').read()
05    with tf.Session() as sess:                      # 创建一个会话，分配资源
06        img_data = tf.image.decode_jpeg(img)          # 图片解析
07        flipped0 = tf.image.flip_up_down(img_data)    # 上下翻转
08        flipped1 = tf.image.flip_left_right(img_data) # 左右翻转
09        flipped2 = tf.image.transpose_image(img_data) # 对角线翻转
      # 结果绘制
10        plt.subplot(221), plt.imshow(img_data.eval()), plt. title ('original')
11        plt.subplot(222), plt.imshow(flipped0.eval()), plt.title
          ('flip_up_down')
12        plt.subplot(223), plt.imshow(flipped1.eval()), plt.title
          ('flip_left_right')
13        plt.subplot(224), plt.imshow(flipped2.eval()), plt.title
          ('transpose_image')
14        plt.show()
```

如图 7.29 所示，通过简单的翻转将之前的一幅图像增强到了 4 幅，因为数据增强对于数据集数目的增加是有利的。

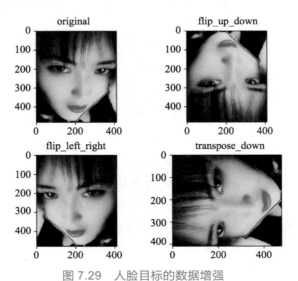

图 7.29　人脸目标的数据增强

7.4.2 数据集的读取和处理

为了处理方便，我们需要封装一个包含数据集和标签批量处理功能及把数据转成 TensorFlow 数据格式的 DataProcess 的类对象。数据集主要分成图像和标签，需要把图像和对应的标签读取进来，程序架构如图 7.30 所示。

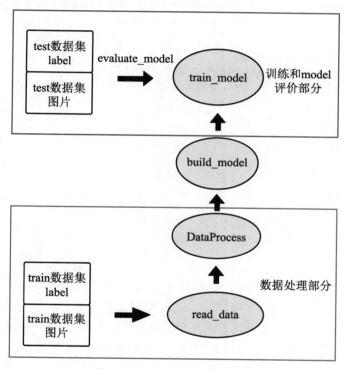

图 7.30 人脸识别的程序架构

从文件中读取数据和标签见程序 7-4。

程序 7-4 人脸识别之读取数据：read_data.py

```
01    # -*- coding: UTF-8 -*-
02    import numpy as np
03    import cv2
04    import os
      # 输入一个字符串和一个标签，对这个字符串和其对应的标签进行匹配
05    def endwith(s,*endstring):
06        resultArray = map(s.endswith,endstring)
07        if True in resultArray:
08            return True
09        else:
10            return False
      # 输入：一个文件路径，对其下的每个文件夹下的图片进行读取，并对每个文件夹给一
```

```
           个不同的 Label
           # 返回：一个 img 的 list 返回一个对应 label 的 list
11    def read_file(path):
12        img_list = []
13        label_list = []
14        dir_counter = 0
15        IMG_SIZE = 128
           # 对路径下的所有子文件夹中的所有 jpg 文件进行读取，并存入到一个 list 中
16        for child_dir in os.listdir(path):
17            child_path = os.path.join(path, child_dir)
18            for dir_image in  os.listdir(child_path):
19                if endwith(dir_image,'jpg'):
20                    img = cv2.imread(os.path.join(child_path, dir_image))
21                    resized_img = cv2.resize(img, (IMG_SIZE, IMG_SIZE))
22                    recolored_img = cv2.cvtColor(resized_img,cv2.COLOR_BGR2GRAY)
23                    img_list.append(recolored_img)
24                    label_list.append(dir_counter)
25            dir_counter += 1
           # 返回的 img_list 转成了 np.array 格式
26        img_list = np.array(img_list)
27        return img_list,label_list,dir_counter
           # 读取训练数据集的文件夹，把它们的名字返回给一个 list
28    def read_name_list(path):
29        name_list = []
30        for child_dir in os.listdir(path):
31            name_list.append(child_dir)
32        return name_list
```

程序完成了从不同文件夹下读取图片和标签，并把彩色输入图片转换成了灰度图片。为了提高训练的效率，程序需要将输入的彩色图片转换成灰度图片。因为人脸识别只关注人脸的细节信息，颜色对其影响不大。

读取文件中的数据和标签数据处理见程序 7-5。该例建立了一个 DataProcess 的类，其主要功能是将读取的数据分割成训练集和测试集，分割比例为 8∶2。要注意，分割前需要进行数据随机打乱分组，这样才能保证在测试集和训练集上的数据分布一致。接下来需要把训练和测试的 x,y 向量都变成 TensorFlow 的格式。

程序 7-5　人脸识别的数据处理：Data_Process.py

```
01    # -*- coding: UTF-8 -*-
02    from read_data import read_file
03    from sklearn.model_selection import train_test_split
04    from keras.utils import np_utils
05    import random

      # 建立一个用于存储和格式化读取训练数据的类
06    class DataProcess(object):
```

```
07        def __init__(self,path):
08            self.num_classes = None
09            self.X_train = None
10            self.X_test = None
11            self.Y_train = None
12            self.Y_test = None
13            self.img_size = 128
14            self.extract_data(path)
15        def extract_data(self,path):
16            imgs,labels,counter = read_file(path)
              # 将数据集打乱随机分组
17            X_train,X_test,y_train,y_test = train_test_split(imgs,
              labels,test_size=0.2,random_state=random.randint(0, 100))
              # 图像重新格式化和标准化
18            X_train = X_train.reshape(X_train.shape[0], 1, self.img_size,
              self.img_size)/255.0
19            X_test = X_test.reshape(X_test.shape[0], 1, self.img_size,
              self.img_size) / 255.0
20            X_train = X_train.astype('float32')
21            X_test = X_test.astype('float32')
22            Y_train = np_utils.to_categorical(y_train, num_classes=
              counter)
23            Y_test = np_utils.to_categorical(y_test, num_classes=
              counter)
              # 将格式化后的数据赋值给类的属性
24            self.X_train = X_train
25            self.X_test = X_test
26            self.Y_train = Y_train
27            self.Y_test = Y_test
28            self.num_classes = counter
```

7.4.3 网络的搭建

建立一个 CNN 模型进行分类。为了方便代码调取，将 Model 封装成一个 class object。将模型文件保存成 .h5 格式文件存储在当前路径下。直接看 Build model 中的实现。各种网络层的构建调用了 Keras 深度学习框架。Keras 是一个高层神经网络 API，由纯 Python 语言编写而成，并基于 TensorFlow、Theano 及 CNTK 后端，可以把 Keras 看成 TensorFlow 封装后的一个 API。目前支持两种后端框架：TensorFlow 与 Theano。Keras 的安装很简单，打开命令行进入我们的环境，输入以下命令：

```
source activate AICV27
pip install keras
```

调用 Keras 已经集成好的深度学习模块，其算法构建非常简单，先看头文件，具体如下：

```
01        # -*- coding: UTF-8 -*-
```

```
02        from dataProcess import DataProcess
03        from keras.models import Sequential,load_model04
05        from keras.layers import Dense, Activation, Convolution2D,
          MaxPooling2D,Flatten,Dropout
06        import numpy as np
```

Model 的算法框架如图 7.31 所示。Build Model 这一块的代码调用 Keras 模块，所以很简单，实现过程如程序 7-6 所示。

网络结构分为 11 层：第 1 层是 32 个 5×5 的 Filter，即卷积层，提取人脸特征；第 2 层是 ReLU 激励层，防止过拟合；第 3 层为 2×2 的池化层；第 4 层是第 2 层卷积用到的 64 个 5×5 的 Filter；第 5 层是 ReLU 激励层，防止过拟合；第 6 层为 2×2 的池化层；第 7 层是 Flatten 层，用来将输入"压平"，即把多维的输入一维化，常用在从卷积层到（Convolution）全连接层（Dense）的过渡；第 8 层为全连接层，当 Dense 作为第一层时需要 Specify 输入的维度，之后就不用了，因此这一层需要设置 Dense 层的维度是 512；第 9 层是 ReLU 激励层，防止过拟合；第 10 层是全连接层；第 11 层是激励层，用 Softmax 进行分类。

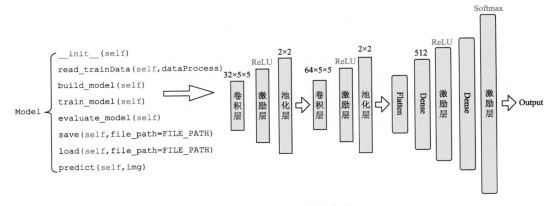

图 7.31　Model 的算法架构

程序 7-6　Model 的建立：build _model.py

```
01     def build_model(self):
02         self.model = Sequential()
03         self.model.add(Convolution2D(filters=32,kernel_size=(5, 5), padding =
           'same',dim_ordering='th', input_shape=self.dataProcess. X_
           train.shape[1:]))
04         self.model.add( MaxPooling2D(pool_size=(2, 2),strides=(2, 2),
           padding='same'))
05         self.model.add(Convolution2D(filters=64, kernel_size=(5, 5),
           padding='same'))
06         self.model.add(Activation('relu'))
07         self.model.add(MaxPooling2D(pool_size=(2, 2), strides=(2, 2),
```

```
         padding='same'))
08       self.model.add(Flatten())
09       self.model.add(Dense(512))
10       self.model.add(Activation('relu'))
11       self.model.add(Dense(self.dataProcess.num_classes))
12       self.model.add(Activation('softmax'))
13       self.model.summary()
```

7.4.4　Model 的训练过程

网络搭建好后就开始读入数据进行训练。训练 Model 的流程如图 7.32 所示。

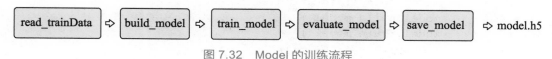

图 7.32　Model 的训练流程

调用 Data_Process 读入训练数据，代码如下：

```
01   def read_trainData(self,dataProcess):
02       self.dataProcess = dataProcess
```

build_model 代码前文已经提及了，训练 Model 接口需要设置一些训练的参数：optimizer 的选择、loss 的选择及 metrics 的选择。Keras 封装了一些已经处理好的模块，只需要在函数中选择这些模块就行。本例中选择的优化器是 adam，loss 选择是交叉熵，代码如下：

```
01   def train_model(self):
02       self.model.compile(
03       optimizer='adam',loss='categorical_crossentropy',
         metrics=['accuracy'])
04       self.model.fit(self.dataProcess.X_train,self.dataProcess.Y_
         train,epochs=7,batch_size=20)
```

loss 选择的是测试集中的 X、Y 的交叉熵，代码如下：

```
01   def evaluate_model(self):
02       loss, accuracy = self.model.evaluate(self.dataProcess.X_test,
         self.dataProcess.Y_test)
03       print('test loss;', loss)
04       print('test accuracy:', accuracy)
```

最后将训练结束的 Model 保存在输入路径中，代码如下：

```
01   def save(self, file_path=FILE_PATH):
02       print('Model Saved.')
03       self.model.save(file_path)
```

每一个模块编辑完毕就开始进行训练。训练 Model 的代码如程序 7-7 所示。

程序 7-7 　 Model 的训练：trian_facemodel.py

```
01    # -*- coding: UTF-8 -*-
02    from dataProcess import DataProcess
03    from keras.models import Sequential,load_model04
05    from keras.layers import Dense, Activation, Convolution2D,
      MaxPooling2D,Flatten,Dropout
06    import numpy as np
07    from build_model import Model
08    if __name__ == '__main__':
09        dataProcess = DataProcess('imgset')
10        model = Model()
11        model.read_trainData(dataProcess)
12        model.build_model()
13        model.train_model()
14        model.evaluate_model()
15        model.save()
```

7.4.5　Model 的测试过程

目前，根目录下已生成了 model.h5 文件。接下来开始测试生成的 Model，见程序 7-8。

程序 7-8 　 Model 的测试：test_facemodel.py

```
01    # -*- coding: UTF-8 -*-
02    import cv2
03    from build_model import Model
04    # 定义 main 函数
05    if __name__ == '__main__':
06        model = Model()
07        model.load()
08        img = cv2.imread('test.jpg')
09        img = cv2.resize(img, (64, 64))
10        img = cv2.cvtColor(img, cv2.COLOR_BGR2GRAY)
11        picType,prob = model.predict(img)
12        if picType != -1:
13            print("this is the target person")
14        else:
15            print(" Don't know this person")
```

程序调用了 build_model 的 predict() 方法，输出结果如果证明是这个人，则输出"是这个人"，也可以自定义设置，比如修改代码，在图片中标注这个人的姓名。对于门禁系统，如果输出结果在 Label 库里面，则赋予其相关的权限，本例中只是实现了二分类，也就是说"是这个人"或者"不是这个人"，在实际的应用场景中是多分类的问题，即输入的人是否在 Label 库里面，以及它属于哪一个 Label。

7.5　本 章 小 结

本章详细介绍了深度学习的基本概念，包括神经网络、权重、偏差和几种常见的激活函数及其使用场景。本章讲解了深度学习和机器学习的区别，机器学习和深度学习最明显的区别在于人工选取特征还是机器自动寻找特征。

本章以一个经典的 LeNet-5 网络为例讲解了一个典型的深度学习网络，并介绍了几种常见的网络层及其作用，如卷积层、激励层、池化层、Flatten 层和全连接层。本章还介绍了深度学习的核心思想就是构建一个深度学习网络，进而定义损失函数和优化器进行训练和学习。本章以一个手写数字识别为例，使用 TensorFlow 框架搭建网络，并设置参数进行训练和测试。

本章基于人脸识别的深度学习项目，讲述了如何用深度学习网络解决实际问题，该项目从数据准备出发，在数据预处理部分通过 TensorFlow 已经集成的数据增强方法增加了数据集，而且在训练前调用了 TensorFlow 数据集的划分方法，分配训练集合的测试集。在 Model 的建立过程中，介绍了用 Keras 深度学习框架构建网络。整个项目包含了 Model 的建立、选择合适的损失函数、选择优化器，以及如何评估一个 Model 及 Model 的存储格式等。

学习本章需要注意以下几点：

（1）深度学习的核心是神经网络的搭建，对于不同的项目需求，选择合适的网络层，并设置卷积层的过滤器数目和卷积核的大小。一般来说，卷积层数目越多，训练的精确度越高，但是会带来很多额外的开支。本章中的例子比较简单，只采用了两到三层卷积层。

（2）卷积层、激励层及池化层，这三者一般组合出现，主要是因为卷积层负责提取特征，激励层防止过拟合，池化层降低特征数目来提高训练速度。

（3）在训练数据集分割之前，需要先对数据集进行随机打乱分组，这样才能保证数据分布在测试集合训练集上是一致的。

（4）本章的例子主要使用了 TensorFlow 框架和 Keras 框架。目前主流的深度学习框架还有 Caffe、CNTK 和 Theano 等，这些框架都是国外的。国内的互联网公司也在积极构建深度学习框架，如百度的 PaddlePaddle 等。

第 8 章

Penta Kill：人脸图像美颜算法项目实战

前两章详细介绍了基于机器学习和深度学习的人脸识别技术。本章将对前两章检测出来的人脸进行各种处理。如今的手机有各种视频软件能拍出人脸美颜效果（见图 8.1），这一方面是出于用户体验的考虑，另一方面是由于手机硬件的限制使得升级硬件的成本比较高，因此从软件层面提供优化思路，能够得到最高的性价比。

图 8.1　人脸图像美颜

本章涉及的知识点主要如下：

- 各种图像滤波算法；
- 人脸磨皮算法；
- 图像色彩空间；
- 颜色检测和分割；
- 人脸美白算法；
- 手动祛痘算法。

8.1 人脸磨皮算法

磨皮是最基础的人脸美颜效果。人脸磨皮主要是祛斑、祛痘、淡化黑眼圈等。人脸磨皮算法的效果直接决定了最终输出图像的质量。

8.1.1 图像滤波算法和效果

图像滤波的主要目的是去除图像中的噪点从而平滑图像。滤波过程需要用到一个过滤器，最常用的是线性过滤器。滤波过程就是把图像的每一个像素值输入过滤器，输出即为得到的滤波平滑处理后的图像。过滤器是一个含有加权系数的窗口，这个加权系数就是过滤器的核。常见的过滤器如下：

- 均值过滤器（Normalized Filter）；
- 高斯过滤器（Gaussian Filter）；
- 双边过滤器（Bilateral Filter）。

1. 均值过滤器

均值过滤器是最简单的过滤器，用像素点周围像素的平均值代替原像素值，在滤除噪点的同时也会滤掉图像的边缘信息。在 OpenCV 中，使用 boxFilter() 和 blur() 函数进行均值滤波。均值滤波的核为：

$$K = \frac{1}{K_{width} \bullet K_{height}} \begin{bmatrix} 1 & \cdots & 1 \\ \vdots & \ddots & \vdots \\ 1 & \cdots & 1 \end{bmatrix}$$

核的 Size 是自定义的，一般有 3×5、5×5、7×7 等，一般核越大，图片处理完的效果越模糊。均值过滤器的实现如程序 8-1 所示。

程序 8-1　均值过滤器示例：med-filter.py

```
01   # -*- coding: UTF-8 -*-
02   import numpy as np
03   import cv2
04   # 定义 main() 函数
05   def main():
06       img = cv2.imread('1.jpg')
07       blur = cv2.blur(img,(7,7))
08       cv2.imshow('img', img)
09       cv2.imshow(' blur ', blur)
10       cv2.waitKey(0)
11   if __name__ == '__main__':
12       main()
```

运行结果如图 8.2 所示。发现加了 7×7 均值过滤器后，图片出现了一定的模糊，是因为均值过滤器把图片做了一个平均，因此图片呈现出了模糊的感觉，可以看到冰淇淋上面的纹理弱化了，变得更加平滑。

图 8.2　均值滤波效果

2. 高斯过滤器

高斯过滤器是最常用的过滤器，其作用原理和均值过滤器类似，都是取过滤器窗口

内像素的均值作为输出。但是其窗口模板的系数和均值过滤器不同，均值过滤器的模板
系数都为 1，而高斯过滤器的模板系数则随着距离模板中心的增大而减小。所以，高斯过
滤器相比于均值过滤器会减弱图像的模糊程度。一个二维的高斯函数如下：

$$G(x, y)=\exp(-(x^2+y^2)/2\sigma^2)$$

其中，(x, y) 为点坐标，σ 是标准差。例如，产生一个 7×7 的高斯过滤器模板，模板
在各个位置的坐标如图 8.3 所示。

0.000006	0.0000229	0.0001911	0.0003877	0.0001911	0.0000229	0.000006
0.0000229	0.0007863	0.0065596	0.0133037	0.0065596	0.0007863	0.0000229
0.0001911	0.0065596	0.0547215	0.1109816	0.0547215	0.0065596	0.0001911
0.0003877	0.0133037	0.1109816	0.2250835	0.1109816	0.0133037	0.0003877
0.0001911	0.0065596	0.0547215	0.1109816	0.0547215	0.0065596	0.0001911
0.0000229	0.0007863	0.0065596	0.0133037	0.0065596	0.0007863	0.0000229
0.000006	0.0000229	0.0001911	0.0003877	0.0001911	0.0000229	0.000006

图 8.3　7×7 的高斯模板

高斯滤波具有可分离性，可以把二维高斯运算转换为一维高斯运算，其本质上为一
个低通过滤器。在 OpenCV 中可通过函数 GaussianBlur() 进行操作，如程序 8-2
所示。

程序 8-2　高斯过滤器示例：Gaussian-filter.py

```
01    # -*- coding: UTF-8 -*-
02    import numpy as np
03    import cv2
04    # 定义 main 函数
05    def main():
06        img = cv2.imread('1.jpg')
07        blur = cv2.GaussianBlur(img,(7,7),0)
08        cv2.imshow('img', img)
09        cv2.imshow(' blur ', blur)
10        cv2.waitKey(0)
11    if __name__ == '__main__':
12        main()
```

一个 7×7 的高斯滤波效果如图 8.4 所示。可以看到，高斯滤波对图像的模糊效果要
比均值滤波对图像的模糊效果更加弱化，它对冰淇淋上面的纹理也有一定的模糊效果，
而对图像的整体轮廓保留得比较好，所以高斯滤波应用得比较多。高斯滤波的模板也可

以选用 3×3 和 5×5 等模板。

图 8.4　高斯滤波效果

3. 双边过滤器

双边滤波是一种非线性地保留了图像边缘的滤波方法，它结合图像的空间邻近度和像素值相似度，并同时考虑空域信息和灰度相似性，以达到保边去噪的目的。因此双边过滤器综合了高斯过滤器和 α - 截尾均值过滤器（Alpha-Trimmed mean Filter）的叠加处理效果。双边过滤器使用二维高斯函数生成距离模板，使用一维高斯函数生成值域模板。距离模板系数的生成公式如下：

$$d(i,j,k,l)=\exp\left(-\frac{(i-k)^2+(j-l)^2}{2\sigma_d^2}\right)$$

其中，(k, l) 为模板窗口的中心坐标；(i, j) 为模板窗口其他系数的坐标；σ 为高斯函数的标准差。

值域模板系数的生成公式如下：

$$r(i,j,k,l)=\exp\left(-\frac{\|f(i,j)-f(k,l)\|^2}{2\sigma_r^2}\right)$$

将上述两个模板相乘就得到了双边过滤器的模板：

$$\varpi(i,j,k,l)=r(i,j,k,l)\times d(i,j,k,l) = \exp\left(-\frac{(i-k)^2+(j-l)^2}{2\sigma_d^2}-\frac{(i-k)^2+(j-l)^2}{2\sigma_d^2}\right)$$

OpenCV 里面集成了双边过滤器函数 cv2.bilateralFilter(img, d, 'p1', 'p2')。该函数有 4 个参数，d 是领域的直径，后面两个参数是空间高斯函数标准差和灰度值相似性高斯函数标准差。该函数的实现如程序 8-3 所示。

程序 8-3　双边过滤器示例：Bilateral-filter.py

```
01   # -*- coding: UTF-8 -*-
02   import numpy as np
03   import cv2
04   # 定义 main() 函数
05   def main():
06       img = cv2.imread('1.jpg')
07       blur = cv2.bilateralFilter(img,9,75,75)
08       cv2.imshow('img', img)
09       cv2.imshow(' blur ', blur)
10       cv2.waitKey(0)
11   if __name__ == '__main__':
12       main()
```

程序运行结果如图 8.5 所示。可以看出，双边过滤器处理后的效果更加细腻，在去掉冰淇淋表面微小褶皱的同时，图像的边缘保存得也很好。

图 8.5　双边滤波效果

8.1.2 人脸磨皮算法设计

如图 8.6 所示图像是美颜相机的磨皮后的效果。可以看出是对整张图像做了处理，磨掉了图像上人物脸部的细纹、斑点，让肤色变得均匀，让黑眼圈也有了淡化，产生了一种水嫩、减龄的效果，但同时衣服上的褶皱也被磨掉了。

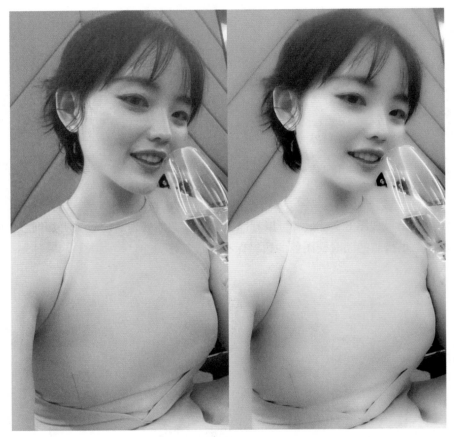

图 8.6　美颜相机的磨皮效果

人脸磨皮其实就是图像滤波的过程。滤波的过程需要尽可能地保留人脸五官的细节。因此整个磨皮算法的流程比较精细，包括以下几个步骤：

（1）图像滤波。

（2）图像融合。

（3）图像锐化。

由于滤波会损伤一些图像细节，因此滤波后会对图像进行融合和锐化操作，这样可以保留一些图像细节，以增加图像的真实感。

　　磨皮的过程尽量保留图像的边缘，因此选用双边滤波算法。因为它是由一个高斯分量和梯度分量组成权重信息来实现模糊平滑图像的同时，保留边缘功能的，调用程序 8-3 得到的滤波效果如图 8.7 所示。

图 8.7　双边过滤器磨皮效果

　　可以看出，磨皮之后的图像变得模糊，虽然脸上的细纹和斑点消失了，但是图像变得朦胧了。接下来进行图像融合。图像融合主要是指将滤波图像和细节图像进行融合，得到一张细节真实感较强、磨皮效果较好的结果图。调用 OpenCV 的 cv2.addWeighted (src1, alpha, src2, beta, gamma[, dst[, dtype]]) 函数实现，具体效果可以表示为：

dst = src1 × alpha + src2 × beta + gamma;

　　其中，src1 是叠加的第一幅图像，src2 是叠加的第二幅图像，dst 是输出图像。

注意： 　　由参数说明可以看出，被叠加的两幅图像必须尺寸相同且类型相同；并且当输出图像 array 的深度为 CV_32S 时，这个函数就不适用了，这时候就会内存溢出或者算出的结果不对。如果输入的两幅图像尺寸不一致，需要先调用 OpenCV 的 resize() 函数对尺寸进行修正。

设置叠加系数，原图为 0.3，滤波后的图像为 0.7，叠加后的效果如图 8.8 所示。

图 8.8　图像融合效果

叠加后的图像保留了一部分滤波的特性，图像的细节也有所保留。接下来进行图像的锐化处理，以进一步增强细节感。这里大家可以使用 USM 锐化或者经典的邻域锐化和 Laplace 锐化等。本节采用 Python 中 PIL 模块的 ImageEnhance 类中的 ImageEnhance.Sharpness() 等函数，通过输入的参数自动调节图像的锐度和对比度。

整体实现如程序 8-4 所示。需要注意，在图像细节增强中用到了 PIL 库，里面的图像读取方式和 OpenCV 不同，因此需要将滤波后叠加的图像保存成图片，再按照 PIL 处理的方式进行重新读取，里面的参数都是可调的，欢迎读者尝试其他组合。

最终的显示效果和原图对比如图 8.9 所示。锐度和对比度增强后，图像显得更加真实，接近真实世界的图像输入。跟输入的原图对比，人脸出现了磨皮处理，处理后的皮肤贴近了真实感，但是达不到美颜相机的处理效果，一方面是因为参数没有进行精细化调整，另一方面是算法比较粗糙，还可以再通过 RGB 等颜色空间对图像色彩进行优化。对于一些价格不高的手机，集成的 Camera 比较便宜，简单的算法就可以让手机拍摄效果提高好几个 Level，而且算法的运算对 CPU 的消耗很低，因此在国产手机里集成了大量的图像优化算法。

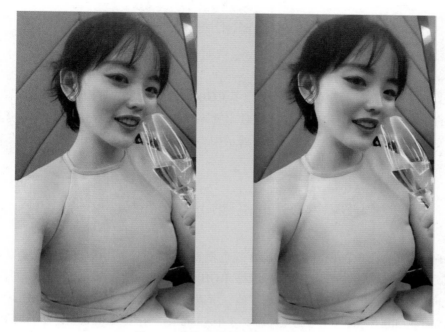

图 8.9　图像磨皮的最终效果对比

程序 8-4　图像磨皮算法设计示例：Exfoliating.py

```
01    # -*- coding: UTF-8 -*-
02    from PIL import Image
03    import cv2
04    from PIL import ImageEnhance
05    def main():
06        img = cv2.imread('1.jpg')
07        blur = cv2.bilateralFilter(img,9,75,75)
08        alpha = 0.3
09        beta = 1-alpha
10        gamma = 0
11        img_add = cv2.addWeighted(img, alpha, blur, beta, gamma)
12        cv2.imwirte('img_add.jpg', img_add)
13        img_add = Image.open('img_add.jpg')
14        enh_sha = ImageEnhance.Sharpness(img_add)
15        sharpness = 1.5
16        image_sharped = enh_sha.enhance(sharpness)
17        enh_con = ImageEnhance.Contrast(image_sharped)
18        contrast = 1.15
19        image_contrasted = enh_con.enhance(contrast)
20        image_contrasted.show()
21        cv2.waitKey(0)
22    if __name__ == '__main__':
23        main()
```

8.2　图像的色彩空间

第 3 章提到了图像的颜色空间，介绍了 RGB、HSV 和 HIS 等颜色空间，并详细介绍了图像的色调、色相、饱和度、亮度和对比度等概念。图像美颜算法与这些描述图像的因素相关度很高，尤其在颜色渲染效果展示中。在美颜算法中，一般在 RGB 或 HSV 空间里对图像颜色进行修改和处理。

8.2.1　RGB 和 HSV 色彩空间基础知识

OpenCV 直接读取的图片都是 RGB 颜色模型格式。但是 HSV 模型更符合人们描述和解释颜色的格式，更加自然且非常直观。RGB 就是指 Red、Green 和 Blue，图像由这 3 个 Channel（通道）构成。Gray 只有灰度值，所以需要 1 个 Channel；HSV 即 Hue（色调）、Saturation（饱和度）和 Value（亮度）需要 3 个 Channel。在 OpenCV 中，H 的取值范围为 [0, 180]，当 8bit 存储时：

- 饱和度（S：saturation）取值范围为 [0, 255]，值越大，颜色越饱和。
- 亮度（V：value）取值范围为 [0, 255]。

H 分量基本能表示一个物体的颜色。但是 S 和 V 的取值也要在一定范围内。S 代表的是 H 所表示的那个颜色和白色的混合程度，也就是说，S 越小颜色越发白，也就是越浅。V 代表的是 H 所表示的那个颜色和黑色的混合程度，也就是说，V 越小颜色越发黑。经过实验，识别蓝色的取值 H 为 100 ～ 140，S 和 V 则为 90 ～ 255。一些基本颜色的 H 取值可以设置如下：

- Orange，0 ～ 22；
- Yellow，22 ～ 38；
- Green，38 ～ 75；
- Blue，75 ～ 130；
- Violet，130 ～ 160；
- Red，160 ～ 179。

8.2.2　RGB 和 HSV 转换的数学描述和函数实现

设 (r,g,b) 分别是一个颜色的红、绿、蓝坐标，它们的取值为 0 ～ 1 之间的实数。设 max 等价于 r、g、b 中的最大值，设 min 等于这些值中的最小值。要找到在 HSV 空间中

的 (h,s,v) 值，这里的 h ∈ [0,360]，是角度的色相角，而 s,v ∈ [0,1]，是饱和度和亮度，计算如下：

```
max = max(R,G,B)
min = min(R,G,B)
if R = max:
    H = (G-B)/(max-min)
if G = max:
    H = 2 + (B-R)/(max-min)
if B = max:
    H = 4 + (R-G)/(max-min)
H = H * 60
if H < 0:
    H = H + 360
V=max(R,G,B)
S=(max-min)/max
```

OpenCV 的 **cvtcolor()** 函数可以直接将 RGB 模型转换为 HSV 模型，RGB 在 OpenCV 中存储为 BGR 的顺序，其数据结构为一个 3D 的 numpy.array，索引的顺序是行、列、通道。

```
BGRImg = cv2.imread(ImgPath)
B, G, R = cv2.split(BGRImg)
```

注意：cv2.split 的速度比直接索引要慢，但 cv2.split 返回的是副本，直接索引返回的是引用。

从 BGR 转换到 HSV 颜色空间：

```
cv2.cvtColor(imgOriginal, imgHSV, COLOR_BGR2HSV)
```

从 HSV 空间转换到 RGB：

```
HSV = cv2.cvtColor(Img, cv2.COLOR_BGR2HSV)
H, S, V = cv2.split(HSV)
```

8.2.3　图片中的颜色检测

每一种颜色都有自己的范围，可以通过颜色范围来分离图片中不同颜色的物体。具体的例子如下：

需要检测如图 8.10 所示图片中的嘴唇区域，先把图像变换到 HSV 空间，红色的 H 范围是 160 ～ 179，S 和 V 的范围为 50 ～ 255，颜色分割后的结果如图 8.11 所示。

图 8.10　输入的待检测图片

图 8.11　检测结果

可以看出，对于单张图像的颜色分割很清晰，嘴唇区域分割得很好。图片中其他红色区域也被检测和标注出来了。

整个过程的实现如程序 8-5 所示。其中应用到了 inRange() 函数和 bitwise_and() 函数。

inRange() 函数声明：inRange(src, lowerb, upperb, dst=None)。对于区间的颜色全部设置成 255，其他设置为 0，输出为一幅二值化的图像。

bitwise_and() 函数声明：bitwise_and(src1, src2, dst=None, mask=None)。它的主要功能是对输入的两幅图像的像素进行加权求和。对于检测出来的红色区域形成一个 mask，红色区域的像素为 0，非红色区域为纯白，然后和原来的图像叠加，可以将红色区域保留下来。

程序 8-5　颜色分割示例：Color-split.py

```
01    # -*- coding: UTF-8 -*-
02    import numpy as np
03    import cv2
04    #定义 main() 函数
05    def main():
```

```
06      img = cv2.imread('4.jpg')
07      hsv = cv2.cvtColor(frame, cv2.COLOR_BGR2HSV)
08      lower_red = np.array([160,50,50])
09      upper_red = np.array([179,255,255])
10      mask = cv2.inRange(hsv, lower_red, upper_red)
11      res = cv2.bitwise_and(frame,frame, mask= mask)
12      cv2.imshow('res',res)
13      cv2.waitKey(0)
14  if __name__ == '__main__':
15      main()
```

8.3 人脸美白算法设计

中国人对女性的审美包括白、幼、瘦，因此对白的需求是很强烈的。白是一种图像颜色空间的处理，需要在颜色空间中进行设计。最简单的方法是对图像打高光，但是效果不是很明显，因此需要在颜色空间中进行处理。先来看如图 8.12 所示的美颜相机的美白效果，可以看出是对整张图进行了提亮。

图 8.12 美颜相机的美白效果

8.3.1 通过图层混合实现图像美白算法

参考 Photoshop 里图像美白的操作，我们采用图层混合操作来实现图像整体的美白效果。新建一个图层，将这个图层设置为白色，然后将这个图层和原本的图像进行 Alpha通道的颜色混合，这样就可以使图像整体变白。将这一过程转换成代码实现，运行结果如图 8.13 所示。可以看到，图片整体变白了，但是因为与纯白的图片叠加使图片变得模糊，因此需要对图像进行一些细节增强处理。本节中添加了增加对比度和提高亮度的做法，如程序 8-6 所示，运行结果如图 8.14 所示。

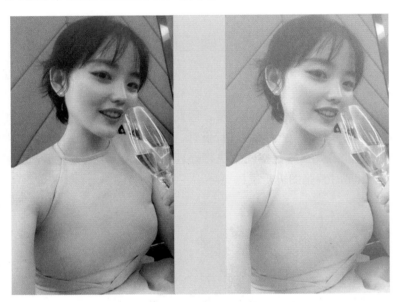

图 8.13　增加白色通道后的叠加效果

程序 8-6　图像美白算法设计示例：whiten.py

```
01    # -*- coding: UTF-8 -*-
02    from PIL import Image
03    import cv2
04    from PIL import ImageEnhance
05    def main():
06        img = cv2.imread('3.jpg')
07        height,width,n = img.shape
08        img2 = img.copy()
09        for i in range(height):
10          for j in range(width):
11            img2[i, j][0] = 255
12            img2[i, j][1] = 255
13            img2[i, j][2] = 255
```

```
14        dst=cv2.addWeighted(img,0.6,img2,0.4,0)
15        cv2.imwrite('res.jpg',dst)
16        img3 = Image.open('res.jpg')
17        enh_con = ImageEnhance.Contrast(img3)
18        contrast = 1.2
19        image_contrasted = enh_con.enhance(contrast)
20        enh_bri = ImageEnhance.Brightness(image_contrasted)
21        brightness = 1.1
22        image_brightened = enh_bri.enhance(brightness)
23        image_brightened.show()
24    if __name__ == '__main__':
25        main()
```

图 8.14　最终的美白效果

8.3.2　通过 beta 参数调整实现图像美白算法

可以看出，最后的效果还是白得并不自然，但是给读者提供了一种图像美白的思路。具体的参数都是通过大量的实验进行调整的。图像美白还有其他的解决思路，根据论文"A Two-Stage Contrast Enhancement Algorithm for Digital Images"，采用合适的映射表，使得原图在色阶上有所增强，并且在亮度两端增强得稍弱，中间稍强，则能产生不错的美白效果，读者可以尝试一下。参考论文中的公式，调节里面的 b 参数，以达到提高图像色阶的作用。公式如下：

$$G(x, y) = \log(f(x, y) \times (beta-1) +1) / \log(beta)$$

其中，$f(x, y)$ 是输入的图像，$G(x, y)$ 是输出的图像，beta 是调节参数。

Python 实现如程序 8-7 所示。由于经过公式计算后图像的像素偏小，因此增加一个 Alpha 系数来调整图像的像素值大小，显示结果如图 8.15 所示。可以看到，图像明显地增白了，但是还是没有达到美颜相机的处理效果，因此还需要继续优化。

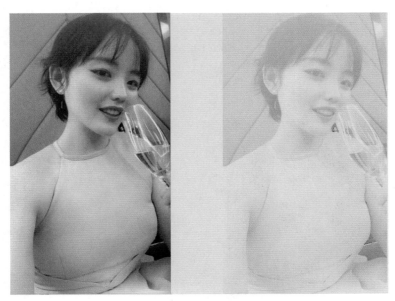

图 8.15　beta-whiten 美白效果

程序 8-7　图像美白试验示例：beta_whiten.py

```
01    # -*- coding: UTF-8 -*-
02    import math
03    import cv2
04    #定义 main() 函数
05    def main():
06        img = cv2.imread('4.jpg')
07        height,width,n = img.shape
08        img2 = img.copy()
09        beta=3
10        alpha=40
11        for i in range(height):
12            for j in range(width):
13                img2[i, j][0] = alpha * math.log ( img[i, j][0] * (beta-1)
                  +1 )/ math.log(beta)
14                img2[i, j][1] = alpha * math.log ( img[i, j][1] * (beta-1)
                  +1 ) / math.log(beta)
15                img2[i, j][2] = alpha * math.log ( img[i, j][2] * (beta-1)
                  +1 )/ math.log(beta)
16        cv2.imwrite('res.jpg',img2)
```

```
17    if __name__ == '__main__':
18        main()
```

比如设置一个比例系数进行两张图片的叠加，代码如下：

```
dst=cv2.addWeighted(img,0.4,img2,0.6,0)
```

　　叠加效果如图 8.16 所示。可以看出，有一定的改善，但是两种算法处理后的颜色还是显得苍白，因此需要引入图像颜色均衡等算法来平衡肤色。

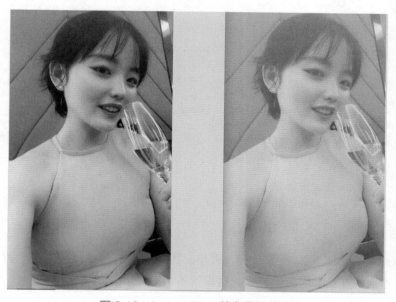

图 8.16　beta-whiten 美白叠加效果

8.3.3　通过颜色查找表实现图像美白算法

　　前面先后展示了人脸磨皮和美白的算法。但是美白后图像整体显得很苍白，很不真实，因此需要引入一种新的美白思路，就是在 RGB 空间对图像的整体像素提高一个等级。比如从 245 开始，图像的像素值为 255，因此建立一个查找表，共包含 256 个元素，每一个元素对应一个 0 ～ 255 像素值调整后的像素，一般是对原本的像素值增加，具体实现见程序 8-8。

程序 8-8　图像美白算法设计示例：listtable_whiten.py

```
01    # -*- coding: UTF-8 -*-
02    from PIL import Image
03    import cv2
```

```
04    from PIL import ImageEnhance
05    def main():
06        img = cv2.imread('3.jpg')
07        img = cv2.bilateralFilter(img, 9, 75, 75)
08        height,width,n = img.shape
09        img2 = img.copy()
10        for i in range(height):
11          for j in range(width):
12            B=img2[i, j][0]
13            G=img2[i, j][1]
14            R=img2[i, j][2]
15            img2[i, j][0] = Color_list[B]
16            img2[i, j][1] = Color_list[G]
17            img2[i, j][2] = Color_list[R]
18        cv2.imwrite('res.jpg', img2)
19        img3 = Image.open('res.jpg')
20        enh_con = ImageEnhance.Contrast(img3)
21        contrast = 1.2
22        image_contrasted = enh_con.enhance(contrast)
23        enh_bri = ImageEnhance.Color (image_contrasted)
24        color= 1.2
25        image_brightened = enh_bri.enhance(color)
26        image_brightened.show()
27    if __name__ == '__main__':
28        main()
```

程序运行结果如图 8.17 所示。可以看出，图像的美白效果比较真实。程序里涉及的参数可调，建立的查找表因为比较大，这里就不给出了。

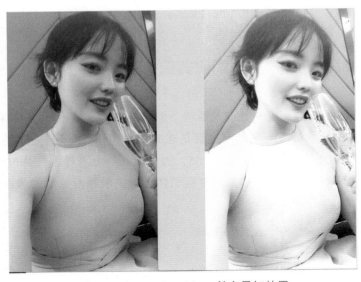

图 8.17   listtable-whiten 美白叠加效果

　　美颜相机的美白效果和本书算法的美白效果对比如图 8.18 所示。可以看到，差别不是很大。本书的算法考虑了图像的一些细节特征，因此在颜色空间上做了调整。但是美颜相机中增加了肤色和小麦色的选项，用户可以交互调整最终的图片效果。其中，肤色效果算法原理是对图像做颜色增强，小麦色选项是在图像的对比度上进行变化，进度条控制的是算法中的参数设置，整个过程都是对经验值调节的过程。图像处理在很大程度上依赖于对经验值的调整，因此一个好的算法经常需要花费大量的时间在不同的光线和人脸上进行测试。

图 8.18　美颜相机和本书算法的效果对比

8.4　人脸的手动祛痘算法设计

　　在美颜相机和腾讯的天天 P 图中都集成了手动祛痘算法。手动祛痘两个公司的实现效果完全不同，天天 P 图采取了高度磨皮，去掉痘痘跟周围不同的像素，做了一个局部的平均；而美颜相机更多的是做图像修复。本节重点介绍基于图像修复技术实现人脸的手动祛痘算法。

8.4.1　图像修复算法介绍

图像修复是图像复原中的一个重要内容，主要利用那些被破坏区域的边缘，即边缘的颜色和结构，复制、混合到损坏的图像中进行修复图像。OpenCV 中集成了用于修复小尺度缺损的数字图像修补（Inpainting）技术，即利用待修补区域的边缘信息，同时采用一种由粗到精的方法来估计等照度线的方向，并采用传播机制将信息传播到待修补的区域内，以便达到较好的修补效果。inpaint() 函数声明如下：

```
dst = inpaint (src, inpaintMask, inpaintRadius, flags, dst=None)
```

其中，src 为输入图像，inpaintMask 为修复掩膜，为 8 位单通道图像。其中，非 0 像素表示要修复的区域。inpaintRadius 需要修补的每个点的圆形邻域为修复算法参考的半径。

8.4.2　图像修复的原理

OpenCV 中 inpaint() 函数的修复算法基于 "An ImageInpainting Technique Based On the Fast Marching Method" 论文。修复一个像素点具体原理如下：

如图 8.19 所示，Ω 区域是待修复的区域；$\delta\Omega$ 指 Ω 区域的边界。要修复 Ω 中的像素，就需要计算出新的像素值来代替原值。

现在假设 p 点是要修复的像素，以 p 为中心选取一个小邻域 $B(\varepsilon)$，该邻域中的点像素值都是已知的，ε 就是 OpenCV 函数中的参数 inpaintRadius。q 为 $B\varepsilon(p)$ 中的一点，这里需要用邻域 $B\varepsilon(p)$ 中的所有点计算 p 点的新灰度值。但是领域内的每个像素点所起的作用是不同的，所以就引入了权值函数，这里的 $w(p, q)$ 就是权值函数，用来限定邻域中各像素的贡献大小。

$$w(p, q) = \text{dir}(p, q) \times \text{dst}(p, q) \times \text{lev}(p, q)$$

$$\text{dir}(p,q) = \frac{p-q}{\|p-q\|} \times N(p)$$

$$\text{dst}(p,q) = \frac{d_0^2}{\|p-q\|^2}$$

$$\text{lev}(p,q) = \frac{T_0}{1+|T(p)-T(q)|}$$

其中，d_0 和 T_0 分别为距离参数和水平集参数，一般都取 1。方向因子 $\text{dir}(p, q)$ 保证了离 p 点越近的像素点对 p 点的贡献越大。水平集距离因子 $\text{lev}(p, q)$ 保证了离经过点 p

的待修复区域的轮廓线越近的已知像素点对点 p 的贡献越大。

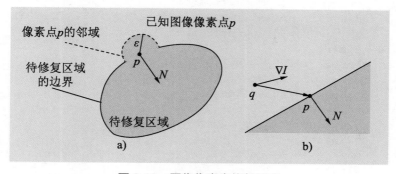

图 8.19　图像像素点修复原理

8.4.3　通过图像修复算法实现手动祛痘

根据 inpaint() 函数的原理，鼠标手动选择要修复的区域，然后对这个区域进行修复，测试一下对痘痘的处理效果。如程序 8-9 所示，Python 调用了鼠标事件模拟美颜相机的手动祛痘操作，获取当前单击操作的坐标，然后绘制出一个圆，对圆里面的图像做修复，结果如图 8.20 所示。

程序 8-9　手动祛痘算法设计示例：Iremove_acne.py

```
01   # -*- coding: UTF-8 -*-
02   import numpy as np
03   import cv2
04   # 定义全局变量
05   global inpaintMask,img
06   global point1, point2
07   def on_mouse(event, x, y, flags, param):
08     global img, point1, point2
09     img2 = img.copy()
10     height1, width1, n = img.shape
11     inpaintMask = np.zeros((height1, width1), dtype='uint8')
12     if event == cv2.EVENT_LBUTTONDOWN:              # 左键单击
13       point1 = (x, y)
14       cv2.circle(img2, point1, 10, (0, 255, 0),-1)
15       cv2.circle(inpaintMask, point1, 10,  255, -1)
16       cv2.imshow('image', img2)
17     elif event == cv2.EVENT_LBUTTONUP:              # 左键释放
18       cv2.circle(img2, point1, 10, (0, 255, 0),  -1)
19       cv2.circle(inpaintMask, point1, 10, 255,  -1)
20       cv2.imshow("inpaintMask", inpaintMask)
```

```
21          cv2.imshow('image', img2)
22          cv2.imshow('image0', img)
23          dst=cv2.inpaint(img, inpaintMask,  3, cv2.INPAINT_TELEA)
24          cv2.imshow("inpainted image", dst)
25  def main():
26          global img
27          img = cv2.imread(''3.jpg')
28          cv2.namedWindow('image')
29          cv2.setMouseCallback('image', on_mouse)
30          cv2.imshow('image', img)
31          cv2.waitKey(0)
32  if __name__ == '__main__':
33          main()
```

单击图像中黑色斑点的位置，然后生成一个单通道的 mask，利用这个单通道的 mask 图像进行 inpaint 操作。从运行结果可以看出，算法对祛痘的效果表现很好，圆形对单击区域的图像进行了修复，去掉了黑色的东西，修复后的图像与原本的皮肤非常相近，基本上看不出太大的区别。

图 8.20 图像手动祛痘结果

8.5　本 章 小 结

　　本章以几种经典的图像美颜算法为例，讲解了目前主流的美图软件，如美颜相机和天天 P 图中的图像美颜算法设计。本章涉及的图像处理的基础算法有各种图像过滤器、图像颜色 HSV 空间、颜色分割、各种图像增强算法等。本章用大量的 Python 实例实现了人脸磨皮、美白和祛痘等效果。读者需要注意以下几点：

　　（1）本章涉及的算法都是在计算机端的测试代码。如果要集成到移动端，还需要进行移植，某些效果可能需要替换成 OpenGL 去实现。

　　（2）本章设计的算法涉及大量的经验值。在算法设计中经常会遇到经验值的问题，需要通过大量的实验进行优化和调优。图像算法对光照非常敏感，因此在不同的光照情况下，算法的运行效果也不一样。

　　（3）人脸图像美颜算法还包括瘦脸、放大眼睛等，需要用到深度学习检测出来的人脸关键点模型。对于不同数目的关键点其算法也不一样，本书第 9 章将会进行详细介绍。

第 9 章
Legendary：AI 时代图像算法应用新生态

本章将介绍目前主流的图像与视频直播软件中深度学习图像处理技术应用的新生态，以抖音、美颜相机、天天 P 图及各大电商的虚拟穿戴设备为例，"深扒"其中的技术路线和核心算法，并对图像处理技术的发展方向进行分析。如图 9.1 所示照片是笔者参观中科视拓南京云智中心时拍下的实时人脸检测数据。

图 9.1　中科视拓实时人脸参数识别

本章主要涉及的知识点有：
- 人脸关键点定位；
- 图像美颜算法；
- 虚拟试妆算法；
- 人体关键点定位。

9.1　抖音中的图像技术

笔者在写这本书的时候正值抖音母公司北京字节跳动科技有限公司（以下简称"字节跳动"）启动新一轮的 30 亿美元融资，估值最高可达 750 亿美元。字节跳动成立于 2012 年，到 2016 年该公司估值为 100 亿美元左右，2017 年中期估值已达 200 亿美元，2017 年底估值达到 300 亿美元。截至 2018 年 7 月，抖音的月活跃用户已经达到 5 亿。抖音主要以各种好玩的小视频为主，还有尬舞机等。下面对其中用到的技术进行讲解。

9.1.1　抖音中的图像应用概览

目前，抖音中的图像技术应用主要分成如图 9.2 所示的几个部分。

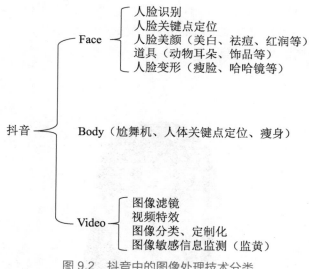

图 9.2　抖音中的图像处理技术分类

接下来将详细讲解每种分类技术的算法原理。

9.1.2　抖音中的人脸检测技术

抖音中很多好玩的应用是基于人脸来做的，因此涉及两大最核心的技术——人脸识别和人脸关键点定位技术。

人脸识别在第 6 章和第 7 章中已介绍过，其中对从传统的机器学习实现到深度学习实现都进行了细致讲解，本节将重点讲解人脸关键点定位技术，这项技术目前国内比较优秀的企业有 Face++ 和商汤等。

什么叫人脸关键点呢？从生物学角度来看，人脸由眼睛、眉毛、鼻子、嘴唇和耳朵等五官构成的，得到图像中人脸的区域之后如何把五官标记出来呢？因此就有了关键点的描述。那么什么叫作人脸关键点定位呢？人脸关键点定位（Facial Landmark Localization）是指在人脸检测的基础上，根据输入的人脸图像，自动定位出眼睛、鼻尖、嘴角点、眉毛等人脸面部的关键特征点。因此，人脸关键点定位方法输入为人脸外观图像，输出为人脸的特征点集合。

对于一张输入的人脸图像，不仅需要人脸五官的关键点，还需要把人脸的外轮廓标记出来，因此另一个概念叫人脸对齐（Facial Alignment）。人脸对齐方法是指在一张人脸图像上搜索人脸预先定义的点，从一个粗估计的人脸形状开始，然后通过迭代来细化形状的估计，接着将人脸中的眼睛、嘴唇、鼻子、下巴检测出来，最后用特征点标记出来。

因此可以看出，人脸对齐是在人脸检测之后的步骤，先是人脸检测，然后是人脸对齐。人脸对齐包括人脸形状的约束和估计，再加上人脸关键点定位。人脸关键点模型的发展随着时间的发展点数越来越多，最早期的五关键点的人脸模型如图 9.3 所示。可以看到，5 个点分别为眼睛中的两个点、鼻尖点和嘴角两个点。

图 9.3　五关键点人脸模型

5 个关键点并不支持人脸的各种精细化处理。2013 年的 CVPR 论文"Supervised Descent Method and its Applications to Face Alignment"提出了一个非常经典的机器学习

人脸对齐算法，即 SDM（Supervised Descent Method）。SDM 采用的是 HOG 特征，其模型为 68 个关键点，如图 9.4 所示。人脸的外形轮廓有 17 个点，嘴唇有 20 个点，眉毛外边缘有 5 个点，眼睛周围有 6 个点，68 个点基本可以解决大部分人脸模型的应用，如抖音上的眼睛放大、瘦脸，或加一些可爱的表情或耳坠等配饰。

图 9.4　SDM 人脸关键点的人脸模型

随着技术的发展，人脸模型的关键点越来越多。Face++ 目前是 106 个关键点，商汤做到了 200 多个点，其对人脸信息的标注已经非常精细了，对于各种人脸的应用可以做到非常高精度的处理。而且因为遮挡、大角度偏转等问题，目前主流的框架开始从 2D 转移到 3D 模型。

9.1.3　抖音中的人脸检测技术应用

根据检测出来的人脸 Model 可以做很多事情。抖音中主要有 3 类人脸技术应用：人脸美颜、人脸道具增加和人脸变形。其中，人脸美颜在第 8 章中已详细讲过，这里不再赘述。下面具体看看其他两类。

1. 人脸道具增加

对于单张图像增加一个配饰，就是在图片上直接增加一个背景纯透明的素材模板或者直接调用 OpenGL 进行绘制。因为对于单张图片而言，只有一个图片 2D 人脸的坐标系，只需要将素材的 2D 坐标对应并映射到人脸坐标系上就可以了。具体过程如图 9.5 所示，只需要找到人脸图像绘制区域，然后通过坐标仿射变换，将素材图像映射到人脸图像上即可。

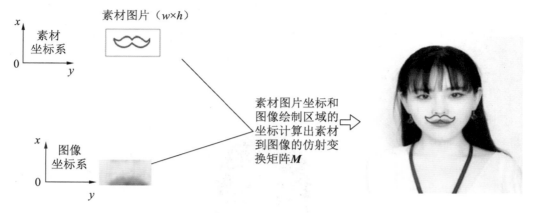

图 9.5　单张图片人脸增加配饰的原理

但是在视频中人是不断运动的，所以人是一个立体的概念，并不是一个 2D 的平面，因此就需要一个 3D 人脸，素材也是 3D 的，通过两个 3D 坐标系的映射建立人脸的 3D 模型。可以有两种解决思路：一种就是用 3D 人脸 Model，通过 AR（增强现实）技术实现；另外一种是用 2D 人脸 Model。具体实现涉及不同公司的解决方案，这里不详细描述。

2. 人脸变形

在抖音上主要是瘦脸和眼睛放大的应用，具体效果如图 9.6 和图 9.7 所示。

图 9.6　瘦脸效果

图 9.7　眼睛放大的效果

　　瘦脸及眼睛放大的前提是需要检测到人脸，并提取特征点，之后进行图像变形。OpenCV 实现图像变形最基础的思路：由变形前的坐标根据变形映射关系得到变形后的坐标。瘦脸、眼睛放大等效果用的是这一过程的逆向变换，即由变形后的坐标根据逆变换公式反算变形前的坐标，然后插值得到该坐标的像素值，将该值作为变形后的坐标对应的像素值，这样才能保证变形后的图像是连续和完整的。可以看出，眼睛的放大和变小，以及脸部的扩大和缩小都不会改变整张脸的形态。

　　如图 9.8 所示，眼睛放大的时候只有圆形选区内的图像才进行变形，越靠近圆心，变形越大，反之则变形越小。这样就可以保证图像的变形不改变脸部的整体信息。

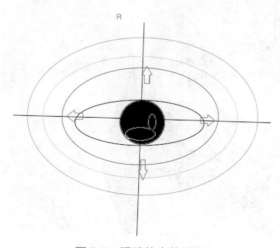

图 9.8　眼睛放大的原理

另外，插值会造成一些图像毛刺等不良效果。目前一些公司的解决方案并不是插值，而是基于三角二维网格曲面变形产生的瘦脸效果。如图 9.9 所示为通过一个简单的拉普拉斯网格变形实现瘦脸效果的示意图。拉普拉斯网格变形是一个编码和解码的过程。编码过程是指网格顶点的欧氏空间坐标到拉普拉斯坐标的转换；解码过程是指通过微分坐标反求欧氏空间坐标。拉普拉斯坐标包含了网格的局部细节特征，因此该算法能够较好地保持网格模型的局部细节。

图 9.9　自动瘦脸的原理

抖音中的瘦脸效果是按照等级进行划分的，因此在脸部图像上找到 V0 ~ V5 几个约束点，不同的等级对应着每两条直线的夹角值，随着夹角值的变化可以改变脸型。以 W1 和 W2 为例，如果 W1 减小，就会使得 V1 和 V2 对称地向中间收缩，以达到脸的宽度变小的目的；如果 W2 的角度变小，就会使得 V3 和 V4 对称地向中间收缩，以达到瘦下巴的效果。V5、V3、V4 点的径向移动会使得脸型的整体缩小，以达到整体小 V 脸的效果并达到拉伸脖子曲线的视觉效果。

其他 P 图软件中手动瘦脸的原理就是固定点 V0，然后手动选择其他约束点进行手动瘦脸，如图 9.10 所示。Vx 为手动选择的约束点，Vx 的移动就会带来左半边脸的变形。

图 9.10　手动瘦脸的原理

9.1.4　抖音中的人体检测技术

抖音里面的尬舞机，可以检测人体的基本形状。如图 9.11 所示为人体几个重要关节点的连线，可以用来表述大部分的肢体运动。

抖音产品负责人王晓蔚曾提到，抖音能够检测到图像中所包含人体的各个关键点的位置，从而实现从用户姿态到目标姿态的准确匹配。抖音实现这个功能需要解决两个难题：第一，人体的形变范围比较大，受衣服变化、物体遮挡等因素影响严重，在日常场景下准确地检测人体关键点一直是计算机视觉领域中的一个难点问题；第二，要实现精准检测，需要耗费高昂的计算资源，无法在手机端实现日常场景应用。由于这两个难点的存在，市面上很多产品的类似功能只能实现对用户的半身检测甚至只能是人脸检测，功能的实现效果大打折扣，玩法上也

图 9.11　抖音的人体识别技术

会有很多限制。得益于今日头条 AI Lab 的技术支持，相比于业界流行的自顶向下（Top-Down）的方案，抖音创意地采用了自底向上（Bottom-Up）的方案，其核心是抖音针对移动端设备自研的网络结构，极大地减少了计算量，同时让准确率大幅提升，实现了在移动端的实时无损运行。

关于人体关键点检测，目前业内开源的解决方案是 OpenPose 库。它是一个利用 OpenCV 和 Caffe 并以 C++ 写成的开源库，用来实现多线程的多人关键点实时检测。OpenPose 对于自由非商业用途的使用是免费的，能够同时支持多人 15 或 18 关键点身体位姿估计和渲染。但是由于 OpenPose 库太大了，一直运行在 PC 端，目前暂时不支持移动端。

9.1.5　抖音中的人体检测技术应用

根据抖音的人体关键点技术可以做到很多事情，其中就有瘦身效果，目前商汤、天天 P 图和微视等公司先后提出了视频中瘦身和瘦腿的功能。在此之前，一些美颜类 App 已经实现了对单张图片的手动腿部拉伸效果。具体实现很简单，就是对图像矩形拉伸变形，这里不做详细介绍。

视频中的实时瘦身原理是通过实时追踪身体的关键点，精准定位人体的各个部分，

如手臂、腿、头和躯干等。除了位置和不同躯体的长度、大小、连接状态等信息，目前抖音能够做到的只有大长腿效果，没有商汤展示出来的丰胸、瘦腰等效果。抖音中通过用户交互而手动调节腿部区域拉伸的比例。主要的技术难点在于当检测到用户在跳舞或做一些复杂运动时，算法需要根据用户的姿势，动态调整大腿及小腿的拉伸效果。

瘦身算法和瘦脸算法类似，也是通过人体轮廓点进行图像变形操作，如图 9.12 所示。

图 9.12　瘦身算法原理

根据检测出来的人体轮廓进行关键点定位，然后通过移动这些关键点进行瘦身操作。这个过程跟瘦脸类似，关键点越多，调整得越精细。唯一需要考虑的是姿态估计，在视频跟踪过程中会出现遮挡等，因此为了提高准确率，需要经过大量的训练。

9.1.6　抖音中的视频技术

抖音中的视频拍摄时可以选择各种滤镜效果，视频处理还可以做出各种特效，这两个都属于基础图像处理技术的范畴。

抖音的视频场景还可以更换，比如可以转化成各种游戏背景，效果如图 9.13 所示。

图 9.13　抖音的更换背景效果

　　从图 9.13 所示的效果来看，体验并不是很好，而且从抖音用户上传的视频中看，很少有人使用背景更换的应用。人体抠图的边缘出现了模糊，尤其是在头发上，拍摄的人物头发是纯黑色的，但是抠图结果中头发的颜色变浅了很多，极端情况下出现了身体的缺失，比如图 9.13 中的右半脸出现了缺失。

　　人物的抠图技术是深度学习解决图像分割问题的一个应用。图像分割问题是指对于一张输入图像，分出一个物体的准确轮廓的过程。深度学习中的抠图原理比较简单，即利用全卷积进行人体图像分割。对于单张图片提供的一个通用解决方式是采用 U-net 网络，如图 9.14 所示。

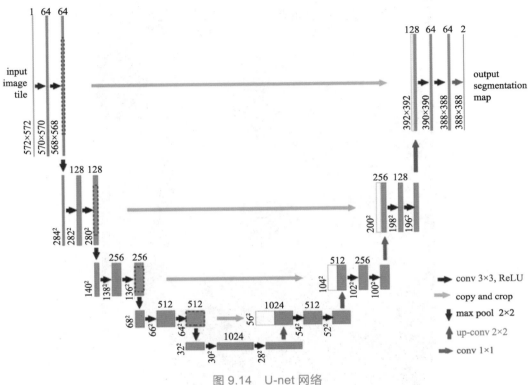

图 9.14　U-net 网络

U-net 网络是一个端到端的网络，蓝色代表卷积和激活函数；灰色代表复制；红色代表下采样；绿色代表上采样，然后再卷积。网络中没有全连接层，只有卷积层和下采样层。U-net 网络包括两个部分：第一部分是特征提取；第二部分是上采样。特征提取部分每经过一个池化层就有一个尺度，包括原图尺度一共有 5 个尺度。上采样部分每上采样一次，就和特征提取部分对应的通道数相同的尺度融合。上采样的过程弥补了图像卷积等操作造成的图像信息丢失，能够保留更多的图像细节。因此，U-net 特别适合比较精确的图像分割。

训练的过程就是输入大量的人像图像和对应的 Ground Truth 图像。如图 9.15 所示，右边是对应的输入图像，左边是人工标注的 Ground Truth 图像，对它们进行训练。由于人工标注或者其他问题，对于边缘分割效果不好的问题需要进行一些辅助处理。比如抖音对边缘进行了模糊处理，但是效果不好。对于这种软边缘问题，Siggraph 2018 大会上给出了一个新的解决思路，见论文"Semantic Soft Segmentation"。会议上提出的自动抠图应用是语义分割而不是我们提到的实例分割，对于单张人像的抠图应用语义分割和实例分割的差别都不大。我们采用拉普拉斯算子解决图形的软边缘问题，并用拉普拉斯算子处理软边缘并构建图形结构，然后添加语义近似的非本地颜色，将分析出来的高级信息与低级信息有效地融合在一起。接下来对创建出来的各个图形填充纯色并进行分层，然后进行类似于 Photoshop 里的蒙版处理，这样就可以将图像的软边缘细致地标记出来。

图 9.15 训练数据

另外，作为一个每天有大量上传视频的短视频网站，视频的分类和质量的把控是个很大的问题，因为涉及视频内容分类和定制化推荐，以及视频图像中的敏感信息检测，比如鉴黄。

首先，视频内容分类涉及图像语义理解的问题，需要通过大量的训练，让计算始理解图像表述的信息。但是这项技术目前还远远没有达到应用的水平，抖音现在的分类尚基于人工加一些标签进行。

其次，视频中敏感信息的监测，比如黄色图片的检测，采用机器学习算法进行图像训练和分类，就是输入黄色图片的数据集，然后训练出一个分类器自动识别黄色图片，这种技术可以大大压缩人工审核的成本。

9.1.7 抖音中的图像技术总结

从抖音的应用来看，还存在以下问题：

（1）目前，抖音的人脸关键点技术的精确度还有待提高。如图 9.16 所示，在脸部大角度偏转的时候跟踪效果不是很好，胡须在正脸的时候应该在脸颊上，但是侧脸的时候出现了偏差，这也是很多人脸 Model 存在的问题。但对于抖音这种娱乐级别的应用，这种偏差其实也是在用户的容忍范围之内的。

图 9.16　脸部道具大角度跟踪效果

（2）图片"鉴黄"方面做得尚不完善，如之前发生的"洗澡门"事件，这类信息对于一个优秀的"鉴黄"分类器而言是完全可以检测出来的。

（3）人体抠图效果不佳，在更换背景的时候没有做好图层混合操作，导致两张图片叠加得很突兀。

（4）美颜效果比较单一，这可以参考一些美妆 App，增加一些化妆元素。

（5）实时瘦身应用还在开发中，期待有更好的效果。

9.2　美颜和美妆类 App 中的图像技术

美图秀秀的大热带动了一系列图像美化软件，包括完美彩妆、天天 P 图、美颜相机、美妆相机和 Looks 等，它们依托各自的图像处理技术，给用户带来了各种美妆和美颜效果的体验。

9.2.1　美颜和美妆类 App 图像应用概览

以美图秀秀公司（以下简称美图）旗下的两款产品——美颜相机和美妆相机为例，其主要应用到的图像技术如图 9.17 所示。

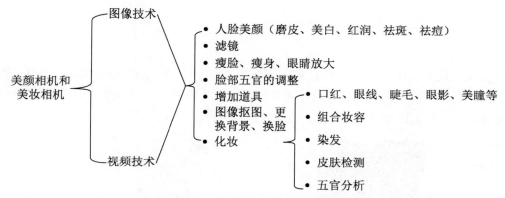

图 9.17　美颜和美妆类 App 中的图像技术

美颜和美妆类 App 中的图像处理技术主要分为两大类：单张图像的处理及实时视频的处理。可以看到，美图不断在把以前的单张图片处理效果做成实时的视频效果，这也是各大同类 App 的目标，其很多功能在讲抖音时都介绍过，此处不再赘述。这里主要讲美图更强大的美妆和美颜功能，主要特色如下：

- 支持五官的调整，处理效果很细；
- 实时美妆的效果；
- 实时染发的效果；
- 五官分析。

9.2.2　五官的调整

五官支持如图 9.18 所示的调整，所有的算法都是基于人脸的关键点进行调整的，跟前面提到的抖音中的瘦脸算法相似。五官的调整是预先设置好不同的调整梯度，然后让用户动态地调整。目前，五官的调整功能暂不支持视频模式。

瘦脸　　大眼　　下巴　　鼻翼　　鼻梁　　鼻尖　　唇形　　唇高　　发际线

图 9.18　五官调整细节分类

另外，基于人脸的关键点可以做到更多种操作，比如牙齿美白和亮眼等其实也是根据关键点得到牙齿和瞳孔的位置，然后进行颜色的渲染操作。另外，单张图像支持五官立体化，也有很多选项，其实就是在人脸的不同区域加阴影来营造视觉上五官的立体感，跟现实中的化妆效果类似。

9.2.3 美妆算法

美妆相机中提供了各种单独的化妆方式，如腮红、眼影、眉毛和口红等。以口红为例，支持各种口红颜色、深浅及效果的选择，如图 9.19 所示。口红绘制的效果很好，基本上不存在口红溢出等情况，对于光线的渲染也很到位。

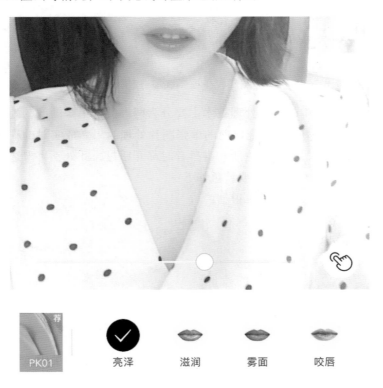

图 9.19　口红效果

美妆算法的过程也是人脸关键点检测＋图像渲染效果，因涉及相关公司的一些商业技术，本书不宜评述。组合妆容定义了不同风格的妆容效果，这对于实时视频效果也很不错。由此可以看出，美图在人脸模型上的点的精确度很高，对于各种大角度偏移和遮挡效果也有很好的用户体验。

　　美妆算法是一个很大的类别，不同部位的化妆需要单独设计算法，目前市面上还没有开源算法，各家公司对其核心技术都进行了保护。

9.2.4　染发算法

　　实时染发需要单独讲解，它的算法模型比较难，需要进行深度学习训练才能将头发的不同区域进行分割。尤其在实时染发效果中，为了实现每一根头发的染发色泽及在拨动头发时的光线渲染效果，需要按照如图 9.20 所示的染发算法流程进行操作。

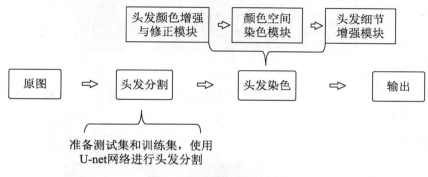

图 9.20　染发的算法流程

　　头发的分割步骤和上一节讲到的人像抠图类似，一些细节如刘海等处理涉及更加精密的算法设计，这里不再赘述。头发染色过程直接关系到最终的效果。头发的染色不能在 RGB 色彩空间中操作，一般应到 HSV 或者 HIS 空间中进行，这样可以保留图像的亮度等效果。所以染色的过程就是保留头发区域的明度分量不变，将其他颜色、色调分量替换为目标发色就可以了。

　　一般采用一个 Color Map 来进行颜色变换。如图 9.21 所示为一个酒红色的 Color Map，颜色是渐变的，上面的每一个像素点颜色和输入图像的头发区域的像素点保持比例对应关系。比如，对于输入图像的头发区域的像素点 X_0，在颜色 Color Map 中找到对应位置的像素点 Y_0，将 Y_0 的 RGB 转换为 HSV 颜色空间，得到目标颜色的 H、S、V 值，然后将 H、S 赋值给 X_0 完成染色。染不同的头发颜色对应替换 Color Map 就行。如果需要染彩虹色的头发，Color Map 就必须换成 7 种颜色。

　　但是 HSV、HSI 颜色空间无法对黑色换色，因为黑色的 V=0，所以不管如何变换 H、S 值依然是黑色，因此在染色前需要对图像中的头发区域进行一定的增强处理，比如提亮以达到轻微改变色调的效果，这样黑色区域的 V > 0。

　　最后，为了突出头发丝的细节，可以使用图像锐化算法，以增加纹理特效，呈现发丝的效果。图像锐化算法可以采用如 Laplace 锐化和 USM 锐化等。

图 9.21　酒红色的 Color Map

　　美妆相机对于单张图片的染色效果如图 9.22 所示。可以看出，美妆相机的算法只对头发比较多的地方进行了染色，在其视频实时染色效果中也可以看出，头发染色也只是部分染色的效果，并没有实现完全变色。

图 9.22　美妆相机的染发效果

　　天天 P 图的染色效果如图 9.23 所示，其染色更加自然，对于刘海等头发稀少的地方也进行了覆盖。

　　从对比两个 App 的效果可以看出，依托腾讯的 AI Lab，天天 P 图的深度学习头发分割模型的精确度要高于美图秀秀，它对于刘海等少量头发区域的处理效果也更好。但是，天天 P 图的染发效果目前还未见实时的视频处理，而都是基于单张图片。另外，天天 P 图的抠图效果优于抖音的抠图效果。

图 9.23　天天 P 图的染发效果

9.2.5　五官分析

美妆相机中集成了五官分析的应用。如图 9.24 所示，根据手机相机中的实时照片数据得出人物的五官特点，包括眉形、脸型、鼻型、眼型、唇型，然后再和标准脸型的数据进行对比。

这一过程基于人脸的关键点数据可以对五官进行建模，或者和标准脸型的五官参数进行对比。基于关键点的五官建模需要根据一些几何学和人脸的特点进行计算。以脸型判断为例，按照"三庭五眼"的标准，人的脸型大概分成 6 种，分别为圆形脸、方形脸、长形脸、瓜子脸、椭圆脸和菱形脸。所谓三庭五眼，就是眉头和鼻尖的平行线将脸三等分，脸蛋标准长度中，亚洲女孩是 18cm ～ 19cm，平均每份 6cm ～ 6.3cm。眼头和眼尾四条垂直线把脸横向五等分。因此可以用三庭五眼的标准定量地对人脸进行分类，如图 9.25 所示。根据关键点的坐标，可以得到一些人脸的参数。图 9.25 中，人脸的腮骨宽度＞颧骨和颞骨宽度，下颌比较尖，可以判断出为瓜子脸。

图 9.24　美妆相机中的五官分析结果

图 9.25　脸型计算

9.2.6　美颜相机和美妆相机中图像技术的一些总结

从目前的应用情况来看，美颜和美妆相机还存在以下问题：

（1）实时拍摄的视频美妆效果对于遮挡大角度偏移的跟踪效果不好，主要原因是人脸关键点 Model 的准确性不高所致。目前通用的解决方案是通过二维的人脸 Model，其在移动过程中人脸呈现三维特性，因此等升级到三维 Model 的时候可以大大地提高效果。

（2）在 Face++ 和商汤中都集成有两张人脸的匹配 API，还包含人脸的一些属性，包括表情识别、人脸的相似度对比、活体检测等，美颜类 App 可以在这个方面进行深度挖掘其应用价值。

（3）皮肤检测方面，目前美妆相机的五官检测不包括皮肤，因为皮肤的颜色对光照很敏感，检测效果可能不佳。但是皮肤检测可以拉动电商护肤品的销售，未来也可以成为一个销售渠道。

（4）虚拟试妆目前集成的都是彩妆，接下来可以增加一些饰品，比如项链、耳环等，也可以拓展为电商渠道。

（5）美妆相机里的肤色设置里可以选择男性，目前男性也成为了彩妆护肤类的消费主体之一，所以可以考虑推出男性版美妆相机，以满足用户的多样性需求。

9.3　电商中的图像技术

写作本章正赶上拼多多上市之际，国内电商的发展速度和规模都非常快。2016 年 10 月至 2017 年 9 月的 12 个月时间，我国网络零售额近 6.6 万亿元，国内的两家知名的电商——淘宝和京东都构建了自己的 AI 云平台。互联网让消费者与厂商之间的联系更加直接，电商的下一个风口比拼的就是科技。

9.3.1　电商中的图像技术应用概览

以淘宝和京东中比较有代表性的图像技术为例，其涉及的图像技术如图 9.26 所示。

其中，虚拟试妆在彩妆类 App 中已介绍过，接下来将对其他技术进行一一介绍。

电商中的图像技术
- 虚拟试妆（口红、眼影等）
- 虚拟穿戴（眼镜、项链、耳环）
- 商品3D展示
- 尺寸测量（量鞋码）
- 相似商品推荐
- 以图搜图
- 商品分类
- 二维码扫描、AR红包、指纹支付、人脸支付等

图 9.26　电商中的图像技术应用

9.3.2 虚拟穿戴技术和商品 3D 展示

在电商中，眼镜、首饰、帽子等销售实物图和实际佩戴效果因人而异，因此虚拟穿戴技术成为目前电商应用中的一个热点。虚拟穿戴是一个三维概念，不管是人体还是商品本身都需要在三维空间进行叠加，尤其是商品的效果还需要考虑光照的影响。如项链和眼镜，不同的商品其属性不同，试戴的算法也是不一样的。以眼镜为例，它分为太阳镜、光学镜，太阳镜又分为镀膜的和不镀膜的，为了贴近真实的体验，需要定制化地设计算法，总体的思路如图 9.27 所示。

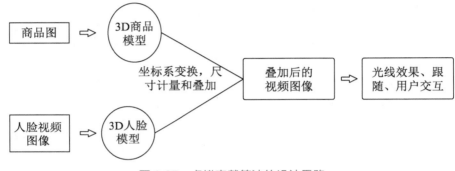

图 9.27　虚拟穿戴算法的设计思路

其中，3D 人脸模型的建立是一个很重要的点，因为人脸模型直接关系到穿戴的效果，这个是目前几家电商的技术核心所在。目前，业内的解决思路有两种，因涉及商业机秘，这里不宜详述。另外，3D 商品的建模，京东有自己的核心技术，可以支持很多商品的实时建模。

商品的 3D 展示，就是建立商品的 3D 模型支持用户触屏进行商品的旋转、放大等操作，目前的建模成本比较高，耗时长，一般应用在客单价比较高的产品中。

9.3.3 尺寸测量

手机淘宝的宝贝详情页中"手机测鞋码"功能支持买家，光着脚用手机拍一张照片，系统就能自动算出买家脚的大小，从而对照适合的鞋码让买家选择。通过图像进行测量的技术，苹果、谷歌等公司一直在开发中。苹果 iOS 12 的 ARkit 尺子功能，可以实现通过图片实时测量图像中的物体尺寸。

图像测量技术的原理是基于 SLAM 算法实现的。首先讲述光学测量的原理。如图 9.28 所示为相机在两个不同视角下的成像情况，如果知道现实物点 M 在两幅图片中的对应关系，就可以精确地计算出 M 点的三维坐标信息。M 为现实场景中的一物点，O 为相机的光心，O' 为光心在像平面上的投影，OO' 为相机光轴，M' 为物点 M 在像平面 P 上的像点。

　　当你用眼睛看东西的时候，你的大脑会立即计算出你的右眼到左眼的视差，并确定深度，即视野中不同物体的距离。现在，大脑可以通过左右眼的视觉差距大概判断出所看见的物体大小，也可以用来判断周围事物的大致范围——这些是被跟踪的"已知特征"。重要的是，你的大脑对这两幅图像的差异进行了计算。基本上这是三角测量——右眼看到某种方式，左眼看到一个稍微不同的方式。你的大脑知道你的眼睛和图像之间的距离，以及大致的焦点角度和图像的差异，可以跟踪"已知特征"，从而可以计算距离并了解 3D 空间。

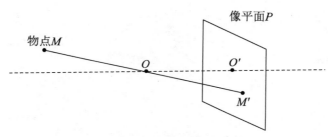

图 9.28　光学测量原理图

　　当打开 iPhone 的相机时，它没有两个不同的图像需要计算距离。但是在拍摄第一张图像之后的一瞬间，iPhone 同时生成了第二张图像。由于来自 iPhone 加速度仪的数据，它还可以估计 iPhone 摄像头 3D 位置和目标的差异——从第一幅图像到第二幅图像。

　　现在回到正在追踪的那些"已知特征"。对于每幅图像，iPhone 不只是提取一个特征，还尽可能多地提取特征。除了对图像中的每个特征进行三角测量之外，还会比较每个特征与图像中其他特征之间的差异。就像人的大脑一样，iPhone 有两种不同的视角，知道近似的焦点角度，知道镜头位置之间的距离，能跟踪"已知特征"及其相互之间的关系。从这个角度来看，iPhone 可以非常好地计算每个图像特征如何与其他特征之间的差异和关系，从而产生空间的 3D 映射，计算出这一点到另一点之间的距离，这就是 AR 尺子背后的基本原理。

9.3.4　相似商品推荐及以图搜图

　　电商会记录买家的搜索和购买历史，以定期推荐相似或者相关的商品给买家，涉及的技术其实是数据处理，需要大规模应用机器学习和深度学习算法。其中，图片的推荐可以根据商品的标签进行，而不是商品图本身，但是相似商品的推荐需要用到相似的产品，也就是以图搜图的相关技术。

9.4 本 章 小 结

　　本章以目前主流的应用为例，讲解了 AI 时代图像算法的应用现状，以及基本的算法设计逻辑，从产品思维出发，介绍了产品中算法知识的逻辑，对比了在抖音和天天 P 图等应用中图像算法的应用情况。AI 时代的算法发展迅速，未来的几年将是应用的井喷时期，期待有更多、更好的技术出现。

推荐阅读

Python数据挖掘与机器学习实战

作者：方巍　书号：978-7-111-62681-7　定价：79.00元

详解机器学习的常见算法与数据挖掘的十大经典实战案例
涵盖大数据挖掘、深度学习、强化学习和在线学习等内容

　　本书采用理论与实践相结合的方式，呈现了如何使用逻辑回归进行环境数据检测，如何使用HMM进行中文分词，如何利用卷积神经网络识别雷达剖面图，如何使用循环神经网络构建聊天机器人，如何使用朴素贝叶斯算法进行破产预测，如何使用DCGAN网络进行人脸生成等。

深度学习之TensorFlow：入门、原理与进阶实战

作者：李金洪　书号：978-7-111-59005-7　定价：99.00元

一线研发工程师以14年开发经验的视角全面解析深度学习与TensorFlow应用
涵盖数值、语音、语义、图像等领域的96个深度学习应用案例，赠教学视频

　　本书采用"理论+实践"的形式编写，通过大量的实例，全面讲解了深度学习的神经网络原理和TensorFlow的相关知识。本书内容有很强的实用性，如对图片分类、制作一个简单的聊天机器人、进行图像识别等。本书免费提供配套教学视频、实例源代码及数据样本，以方便读者学习和实践。

神经网络与深度学习实战：Python+Keras+TensorFlow

作者：陈屹　书号：978-7-111-63266-5　定价：79.00元

涵盖必要的数学知识，重点剖析神经网络与深度学习的相关知识
详解机器视觉、自然语言处理、生成对抗网络等领域的13个案例

　　本书通过理论与项目实践相结合的方式引领读者进入人工智能技术的大门。书中首先从人工智能技术的数学基础讲起，然后重点剖析神经网络的运行流程，最后以大量的实际项目编码实践方式，帮助读者扎实地掌握人工智能开发所需要的基本理论知识和核心开发技术。

推荐阅读

深度学习与计算机视觉：算法原理、框架应用与代码实现

作者：叶韵 书号：978-7-111-57367-8 定价：79.00元

全面、深入剖析深度学习和计算机视觉算法，西门子高级研究员田疆博士作序力荐
Google软件工程师吕佳楠、英伟达高级工程师华远志、理光软件研究院研究员钟诚博士力荐

本书全面介绍了深度学习及计算机视觉中的基础知识，并结合常见的应用场景和大量实例带领读者进入丰富多彩的计算机视觉领域。作为一本"原理+实践"教程，本书在讲解原理的基础上，通过有趣的实例带领读者一步步亲自实践，不断提高动手能力，而不是对枯燥和深奥原理的堆砌。

深度学习之图像识别：核心技术与案例实战（配视频）

作者：言有三 书号：978-7-111-62472-1 定价：79.00元

奇虎360人工智能研究院/陌陌深度学习实验室前资深工程师力作
凝聚作者6余年的深度学习研究心得，业内4位大咖鼎力推荐

本书全面介绍了深度学习在图像处理领域中的核心技术与应用，涵盖图像分类、图像分割和目标检测三大核心技术和八大经典案例。书中不但重视基础理论的讲解，而且从第4章开始的每章都提供了一两个不同难度的案例供读者实践，读者可以在已有代码的基础上进行修改和改进，以加深对所学知识的理解。

深度学习之PyTorch物体检测实战

作者：董洪义 书号：978-7-111-64174-2 定价：89.00元

百度自动驾驶高级算法工程师重磅力作
长江学者王田苗、百度自动驾驶技术总监陶吉等7位专家力荐

本书从概念、发展、经典实现方法等几个方面系统地介绍了物体检测的相关知识，重点介绍了Faster RCNN、SDD和YOLO三个经典的检测器，并利用PyTorch框架从代码角度进行实战。另外还介绍了物体检测的轻量化网络、细节处理、难点问题及未来的发展趋势，从实战角度给出了多种优秀的解决方法。